Practical Make up

실용 메이크업

노희영 · 김용선 · 이정민 · 홍승욱 공저

光文閣

www.kwangmoonkag.co.kr

머리말

여성의 사회적 활동이 폭넓어진 현대 사회에서는 개성 있는 외모와 신체의 아름다움을 메이크업이라는 수단으로 표현하고 가꿔 왔다. 그에 따라 메이크업은 오늘날 메이크업 아티스트라는 직업과 함께 예술의 한 장르로, 학문의 한 영역으로 자리매김하고 있다.

이 책은 대학에서 미용을 전공하고 있는 학생들에게 필수적인 기초 메이크업 이론과 실기 방법을 싣고 있어 현장에서 쉽게 이해하여 활용할 수 있도록 하였다.

제1장에서는 메이크업 아티스트로서 갖추어야 할 기초 지식이라고 할 수 있는 메이크업의 역사에 대해, 제2장에서는 여러 가지 메이크업 도구에 대해, 제3장에서는 얼굴 분석을 바탕으로 한 수정 메이크업에 대해 설명하였다.

제4장에서는 일러스트 등의 시각 자료를 이용하여 베이스 메이크업, 아이 메이크업, 립 메이크업, 치크 메이크업을 알기 쉽게 설명해 보았다.

제5장에서는 뷰티 메이크업, 이미지 메이크업, 테마 메이크업, 트렌드 메이크업, 미디어 메이크업 등 주제별로 많은 자료를 제시하였으므로 메이크업 실기를 익히는 데 큰 도움이 될 것이다.

아직은 부족함이 많지만 이 책이 미흡하나마 메이크업 아티스트를 꿈꾸는 미용학도들에게 좋은 교재로 활용되기를 바란다. 또한 최선을 다하여 이 책을 정리하였지만 아직도 부끄러움을 절감하며 많은 분들의 지도 편달을 받고 발전해 나갈 것을 새삼 다짐한다.

끝으로 이 책이 출간되기까지 도움을 주신 도서출판 광문각의 박정태 사장님과 편집을 맡아주신 직원분들에게 감사드린다.

2011년 2월

저자 일동

Contents

Contents

Contents

Contents

I
메이크업의 정의

7 메이크업의 정의

화장품은 영어로도 불어로도 코스메틱(cosmetic)이며, 독일에서는 코즈메틱(kosmetic)으로 쓴다. 그 어원은 그리스어 '코스메틱코스(cosmeticos)' 로서 '잘 정리한다', '잘 감싼다' 라는 의미를 지닌다. '코스메틱코스' 란 단어는 '코스모스' (cosmos)에서 유래된 것으로서 그 의미는 질서있는 체계, 조화를 뜻한다.

영어의 메이크업(Make-up)은 페인팅(Painting), 토일렛(Toilet), 드레싱(Dressing) 또는 프랑스어의 '마뀌아쥬(Maquillage)' 등으로 표현되고 있다. 현재 우리가 보통 메이크업이라고 하는 화장 형태는 20세기 미국의 헐리우드 전성기에 맥스 팩터(Max Factor)가 대중화 시켰다. 17세기 초 영국의 시인 리챠드 크랏슈(Richard Crashou)가 시의 구절에서 '메이크업이란 여성의 매력을 높여 주는 행위' 라 하여 최초로 메이크업이라는 단어를 사용하였다. 그러나 이 단어는 대중으로 확산되지 못했다.

이보다 앞선 16세기의 셰익스피어 희곡 속에 페인팅이라는 용어가 등장하였다. 이것은 16세기의 이탈리아에서 전래된 짙은 화장을 가리키는 것이다. 16~17세기를 통하여 연백을 원료로 만든 분을 페인트라 불렀고, 그 후에 백납 분에 색상과 향료를 섞어 만든 다채로운 안료로 얼굴에 색칠하는 것을 페인팅이라 하였다. 프랑스어인 '마뀌아쥬' 는 원래 분장을 뜻하는 연극 용어였으며, 투알레트는 1510년경 영국에 전해져 '토일렛' 으로 변한 말로서 화장을 포함한 치장 전반을 가리키는 용어로 사용하였다.

메이크업은 인체의 일부에 색상을 부여하여 외형적인 아름다움과 건강미를 나타낼 뿐만 아니라 자연적인 고유미와 개성미를 창출하고 얼굴의 상처, 흉터 등 여러 가지 결점을 커버하여 심리적인 안정과 치유를 가능케 한다.

따라서 메이크업은 여러 가지 화장품과 도구를 이용하여 자신이 지닌 장점을 살리고 단점을 보완하여 개성을 최대한 돋보이게 하는 아름다움의 표현방법이라고 할 수 있다.

2 메이크업의 기원

오늘날 우리가 알고 있는 패션의 양상은 오랜 발달과정을 통하여 현재에 이른 것인데, 원시 인류가 옷을 입기 시작하기 이전의 나체 상태에서 피부에 회화, 조각, 문신을 새긴 것은 오늘날의 메이크업으로 향하는 첫 걸음이 되었다. 그 이유는 성욕이나 식욕이 인간의 본능이듯이 자신을 꾸미려는 욕구 또한 본능으로 간주되기 때문이다.

이처럼 화장은 사람을 미화시키는 장식 수단의 하나이며 다양한 행위를 포함하는 언어라고 볼 수 있다.

메이크업의 기원설은 크게 네 가지로 나눌 수 있다.

첫째, 옷을 입기 시작하기 이전의 원시 시대에는 나체 상태에서 피부에 직접 회화, 조각, 문신을 새겨 자신의 우월성을 표현하였다는 장식설을 들 수 있다.

이후 자연스럽게 표식이나 장식을 하려는 욕망이 원시의 지배자들로부터 시작되었으며, 다채로운 색채의 진흙을 재료로 하여 얼굴, 머리, 전신에 바르기 시작했다. 이러한 행위는 일정 기간 계속되어 리듬 감각과 패턴에 관한 아이디어가 시작되었다.

이러한 원시적 방법의 장식은 원시 시대에만 국한된 것은 아니어서 정복자가 피정복자에 대해서 예속을 과시하기 위한 형식으로 지금도 아메리카 인디언(America Indian)이나 아프리카(Africa), 콩고(Congo)의 마요고(Mayogo)족들 사회에서 성행하고 있다. 또한 얼굴에 먹을 바르는 것이 현대 문명 사회에서도 게임의 패자에 대한 제재 수단으로 계속 남아 있다는 사실도 이와 관련지어 생각할 수 있다.

둘째, 원시 인류가 몸의 적을 공포감에 몰아넣기 위해, 악마로부터 자신을 보호하기 위해 상흔(scarring)과 문신(tattooing)을 사용하였다는 보호설이 있다. 즉 인간이 자기 자신을 어떤 종류의 위험으로부터 심리적, 물리적으로 보호하기 위한 수단으로 메이크업을 하였다는 견해로서, 몇 가지 예를 제시하여 설명한다.

그러나 이집트의 여인이 눈을 짙게 화장한 것은 태양 빛으로부터 눈을 보호하기 위한 것이며, 향료의 사용은 곤충들로부터 피부를 보호하기 위한 것이었다. 또한 1800년대의 여인이 백납 분을 사용한 것은 가스등이나 촛불의 그을음으로 피부의 산화를 방지하기 위한 것임과 아울러 한낮의 태양으로부터 흰 피부를 보호하기 위한 것이었다. 이처럼 화장은 사람을 미화시키는 장식의 수단이며 다양한 행위를 포함하는 언어라고 볼 수 있다.

셋째, 신분 표시설로서 성별, 사회적 지위, 계급, 부족 등을 나타내는 표시적인 것이 미화 수단으로 발전했다는 설이다. 역사의 초기 지배자들 역시 그들 나름대로의 아름다움과 위엄을 갖추거나 여러 의식이나 행사에서 민중과 구별하기 위하여 대부분 요란한 치장을 하였다. 이러한 치장이 계속해서 발전되는 동안에 미화 수단이 되었다는 설로서 남녀의 구별이나 계급과 신분을 나타내기 위하여 화장이 시작되었다는 견해이다. 지금도 미개 사회에서는 장식을 통해 남자와 여자, 추장과 평민, 노예 따위가 확실히 구별되도록 하는데, 태초의 치장도 이처럼 신분을 표시하는 데서 비롯되었다는 것이다.

마지막으로 인간은 늘 자연과 보이지 않는 초자연적인 힘에 불안을 느끼는 존재로서 이러한 심리적인 불안으로부터 해방되기 위하여 원시종교가 생겼다는 종교설을 들 수 있다. 이러한 설은 인간이 신령의 힘이나 정령의 힘을 자신의 신체에 싣고자 하는 욕망을 가짐으로써 가면이나 화장을 사용하였다고 본다. 그 한 예로, 독수리나 사자 같은 동물을 신체에 그려넣음으로써 인간이 가지지 못한 동물의 힘을 신체에 싣고자 하였다.

나제르의 후라니족 여인들은 악령과 병으로부터 보호받기 위해 얼굴에 칠을 하였으며, 아이보리 해변의 무당은 약초와 신성한 강물로 혼합된 흰 진흙을 그녀의 눈에 칠했다. 이러한 화장을 통해 그녀가 영적인 세계를 볼 수 있다고 생각했던 것이다.

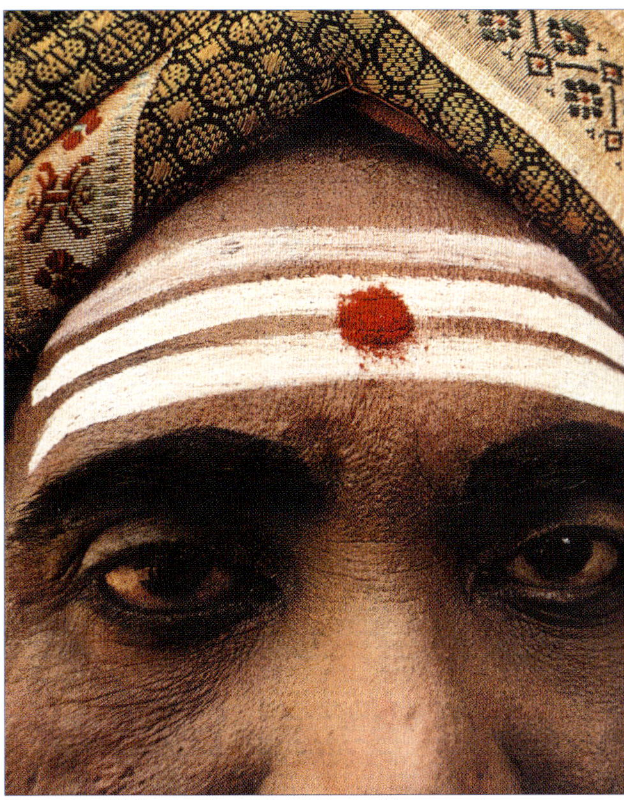

이처럼 인간은 화장을 통해 죽음과 영혼에 대한 불안과 걱정에서 벗어나 종교적 힘으로써 평안을 얻고자 했다.

기원설의 종류	기원설의 특징
장식에 관한 설	• 인간의 본능 중의 하나로 메이크업 활동의 기본 개념 • 아름다운 부분을 돋보이게 하고 결점을 수정 · 보완하는 방법 • 회화, 조각, 문신을 통한 아름다움의 표현
보호 및 위장에 관한 설	• 위험으로부터 자신을 보호하려는 무조건적인 반사 능력 • 흙, 재, 돌 가루, 자연 염료 등으로 신체 위장, 보호
신"–표시에 관한 설	• 타인보다 나아 보이려는 우월의 욕구로 등장 • 변형, 색칠 등의 신체 장식을 통한 민족성, 계급, 신분, 종족의 표현
종교 및 주술에 관한 설	• 심리적 불안으로부터 해방되기 위한 원시 종교 • 병의 치료를 위한 주술적 행위 • 신령의 힘을 자신의 신체에 싣고자 하는 욕망

3 서양 메이크업의 역사

1) 이집트(Egypt) 시대

고대 이집트에서는 기원전 4000년에 이미 미용실이나 향료 제조공장이 번성하였고 메이크업 기술도 매우 발달하여 널리 펴져 있었다. 고대 이집트 문화의 대부분이 그들의 종교와 관련하여 발달하였듯 이 시기의 화장은 미를 위한 장식의 욕구보다는 주로 종교 의식과 밀접한 관련을 맺으면서 이루어졌다.

고대 이집트인의 눈 화장술은 원래 바람이나 곤충, 모래, 강렬한 태양 광선으로부터 눈을 보호하기 위해 눈가에 칠하던 것이 점차 장식적 미를 위해 확대된 듯하다. 눈두덩에는 태양을 상징하는 초록색 염료와 공작석의 가루를 이용하여 칠하였고 검정색 코올(kohl)로 눈을 강조하였다. 눈썹도 검정색 코올을 이용하여 광대뼈 쪽으로 꺾인 형태로 진하게 그렸다. 이러한 눈 화장법은 마귀를 쫓기 위한 종교적인 의미와 태양 광선에 의한 눈병의 예방 및 치료, 벌레가 눈에 날아드는 것을 막기 위한 실용적인 목적에 기인한 것이다. 볼과 입술은 붉은 진흙의 고운 가루로 채색했을 뿐만 아니라 손톱, 손바닥, 발바닥 등에 헤나(Hena)를 이용하여 적색으로 물을 들이기도 했다.

상류 이집트인들은 남녀 모두 사상 최초로 눈 주위를 반짝거리게 하는 아이글리터를 붙였는데, 풍뎅이의 딱딱한 황금빛 날개를 유발에 넣고 거칠게 짓이겨 공작석 아이섀도우와 섞어서 썼던 것이다. 머리 모양은 남녀 모두 가발을 즐겨 사용하였는데, 가발은 그물로 된 캡(Cap)에다 가발 재료를 땋거나 간추려 엮어서 남자들은 완전히 머리카락을 밀어낸 위에, 여자들은 짧게 깎아낸 머리 위에 얹었다. 머리와 캡 사이에 공간이 있어 머리에서 생기는 열이 발산되고 통기도 되어 오히려 시원한 효과를 주었다.

이집트는 기후가 고온다습하기 때문에 사람들은 피부가 상하는 것을 방지하기 위해 제사장들이 만든 '쌔그디(pasgdi)'라는 피부연고제를 사용했는데, 이는 멘디시엄(mendeium)이라는 몰약과 계피를 섞어 만든 것이다. 또한 향료 목욕을 즐기고 나트론(나일강의 진흙)으로 몸을 문질렀으며 '수아브(표백토와 재를 섞은 반죽)'로 각질을 제거하고 향유로 마사지를 하였다.

식물기름과 라임, 향수를 섞어 클렌징 크림을 만들었고 톱밥과 향유를 섞어 온몸에 팩을 해서 그 에센스를 피부 속으로 침투시켜 피부를 매끄럽고 윤택하게 하였다. 삼나무의 수액과 몰약을 섞어 온몸을 마사지하여 뜨겁고 강렬한 햇빛과 건조한 사막의 모랫바람에 피부가 건조해지지 않게 했다.

가발 재료로는 초기에는 린넨(Linen)이나 종려나무 섬유를 사용하다가 나중에는 울(Wool)이나 사람의 머리카락을 사용하여 부피를 크게 만들어서 모자처럼 사용하였다. 또 가발의 색은 일반적으로 검정색이 많고 때로는 진한 청색, 또는 황금색으로 물들이기도 하였다.

여자의 가발은 남자의 것보다 보통 길어서 어깨나 가슴 위까지 땋았고 땋는 방법, 가리마를 내는 위치, 묶는 방법, 같이 엮는 장식품에 따라 그 모양이 다양하였다.

2) 그리스(Greece) · 로마(Rome) 시대

그리스 시대는 이집트 시대에 비해 여성들의 색조 화장이 발달하지 못했다. 그것은 인공적인 아름다움을 혐오하고 자연 그대로의 꾸밈 없는 인간의 모습을 중시하는 헬레니즘 사상과 남존여비의 사상으로 인해 여성의 지위가 하락했기 때문이다.

헬레니즘 사상의 영향으로 과장되고 화려한 화장을 허상이라고 생각하여 화장품을 근절시켰고 여성들의 풍속을 타락시키는 신체 채색물의 사용을 금지시킨 반면, 남자들은 오히려 목욕 후 마사지를 즐겼고 머릿기름과 향유를 바르는 것이 유행하였다.

이집트 문명을 합리적으로 받아들였던 그리스는 후에 로마 문명의 기초를 이루었다. 고대와는 달리 그리스 시대에 들어서 향장품은 비로소 과학적 원리에 기초를 두었다. 의학의 아버지라 불리우는 히포크라테스는 피부병을 연구하여 식이요법, 마사지, 햇빛 목욕 등이 피부를 건강하게 유지시켜 준다고 주장했는데, 이러한 이론은 현대 미용에 기여한 바 크다.

그리스 여인들은 하얀 피부를 매우 선호하여 얼굴에 백납 성분으로 된 안료를 사용하여 피부 톤을 새하얗게 표현하였다. 볼과 입술은 식물성 염료나 적토를 추출하여 홍조 빛으로 붉게 칠했다. 볼 연지로는 광대뼈를 둥근 모양으로 표현했다. 눈썹은 양 눈썹을 가까이 그리고 선명하고 섬세한 눈썹을 선호하였다. 코는 명암을 넣어 윤곽이 뚜렷한 코 선을 표현하였고 눈 화장은 적갈색이나 녹색, 회색으로 새도우를 그렸으며 검은 아이 라인으로 눈의 윗라인만을 강조하는 경우가 많았다.

비교적 단순한 의상으로 인해 자연히 머리 치장에 관심이 많아져 머리를 깨끗이 하고 컬(curl)을 만들거나 잿물로 표백하고 채취한 식물의 안료를 이용하여 황금색으로 염색하기를 좋아하였고, 몸 전체에 향료나 오일을 사용했다. 일반 여성들은 기초적인 피부 손질 외에는 거의 화장을 하지 않았으나 나라에서 인정하는 대규모의 창부들은 매우 짙은 화장을 하였다. 이들의 화장은 대부분 이집트에서 전래된 것으로서 얼굴과 손바닥뿐만 아니라 유두에 붉은 색의 고운 가루를 발랐으며 엉덩이에도 흰색 혹은 붉은 색의 고운 가루를 발랐다. 연백으로 짙게 칠한 얼굴에 볼 연지와 입술 연지를 사용하고 눈썹을 길게 그렸으며 인조 눈썹을 사용하기도 하였다. 로마에서는 오일과 향수 등의 화장품이 생활 필수품으로서 등장하게 되었다.

로마 전성기에 상류층 여성들은 맛사지, 피부 손질, 매니큐어와 패디큐어, 머리 손질, 메이크업, 의상 등 각각의 전문 분야의 여러 시녀들에게 수시간에 걸쳐 몸 치장을 담당하게 하는 등 외모를 꾸미는 일에 많은 투자를 하였다.

1세기경 로마의 미인은 훤칠한 키에 금발머리, 눈에는 검은색 라인을 그리고 샤프란으로 황색 선을 긋고 속눈썹은 짙게 칠한 모습이었다. 또한 17세기에 대유행을 하게 된 뷰티점을 볼이나 목, 대담하게 노출된 팔이나 어깨에 붙이기도 하였다.

로마의 특권층 여성들은 흰 피부를 좋아하여 얼굴에 분을 발랐는데, 로마의 쇠퇴기에 이르러서는 백연의 과도한 사용으로 얼굴 빛이 변색되고, 치아가 검어지고 신경이 둔해지고 정신쇠약으로 체력이 저하되는 등 신체에 유해한 영향을 끼쳤다. 눈은 안티몬으로 검게 화장하고 볼은 연단으로 붉게 칠했으며 머리카락은 금발로 염색하였다. 구취 제거를 위해 파슬리를 사용했고 여드름과 사마귀는 애교점으로 가렸다.

로마 역사상 가장 사치스러운 여성으로 꼽히는 네로 황제의 부인 포파에어 사비나는 동물의 지방이나 벌꿀, 곡식의 가루를 갈아서 으깬 것을 우유에 섞어 얼굴에 바르고 다음날 아침에 당나귀 젖으로 씻어냈다고 한다.

3) 르네상스(Renaissance) 시대-16세기

14세기 중반경부터 이탈리아를 중심으로 번성하기 시작한 르네상스 운동의 영향으로 여성에 대한 중세 기독교적 인식이 해방되고 여성의 아름다움에 대한 관심이 증가하면서 이탈리아를 중심으로 고대의 화장이 유럽 각지로 확산되었다.

르네상스는 프랑스어로 재생 · 부활을 뜻하는 것으로서 이탈리아의 귀족 문화에서 발생하여 14~15세기의 피렌체, 16세기의 로마가 중심이 된 고전적인 문화의 부흥이다. 르네상스가 시작된 이탈리아에서는 중세 기독교적인 속박에서 벗어나 여성들이 화장을 하기 시작하였는데, 그 무렵 이미 색조 화장은 이탈리아 여성들에게 일반화되었다.

상류 계층 여성들은 동방의 산물인 향수, 머리 염색, 미용법 등을 환영하여 화장품을 다시 사용하게 되었다. 그 당시의 이상적인 미(美)의 전형은 피부를 창백하고 투명하게 하며 눈썹을 뽑고 이마에서부터 머리카락을 면도해 없애 버렸다. 얼굴의 구조와 용모의 섬세함을 강조한 점이 기사도 시대에 이상적으로 받아들여졌던 여성미의 특징이다. 흠 없는 창백한 얼굴 상태에서 뺨과 입술에만 가볍게 색조 화장을 했다.

이 시대의 화장법은 창백하고 흰 얼굴에 눈은 둥글고 큰 형태였으며 콧대는 좁은 듯 그려 줌으로써 지적인 이미지를 주었으며 아이라인은 가늘게 그려 눈에 크게 띄지 않도록 처리하고 전체적인 색조는 밝고 부드러운 색을 선호하였다.

얼굴 전체를 깨끗이 면도하고 머리 또한 이마 뒤로 넘겨서 이마를 한층 강조하였다. 입술은 작은 꽃 모양의 장밋빛 입술을 선호하였다. 머리카락은 금발을 선호했으며 다양한 색깔의 노끈으로 묶거나 땋은 간단한 형태로 여성들의 머리는 앞 중심에 가리마를 타고 앞 이마를 전체적으로 내놓았으며 뒷머리는 목덜미에 붙였다.

4) 16세기 엘리자베스 여왕 시대

르네상스 시대에 수은을 원료로 한 분이 제조되어 과다하게 사용한 까닭으로 당시의 여성들은 화장을 지운 얼굴이 매우 흉하게 보였다고 한다. 영국의 엘리자베스1세는 이탈리아의 유행품과 함께 화장법을 받아들였는데 분을 약 1cm 두께로 발라서 표정을 알 수 없었다고 한다. 그녀는 피부를 수은이 들어간 로션으로 깨끗하게 하고 달걀 흰자로 윤을 내었으며 납과 식초를 혼합한 분을 바르고 이마에 정맥을 그려 넣어 흰 피부를 강조하였다. 이런 분을 피부에 바를 경우 일시적으로 얼굴이 백납같이 희게 보이는 효과가 나타났지만 결국에는 피부가 심하게 훼손되는 결과를 초래하였다.

이처럼 어떤 희생을 치르더라고 백합같이 흰 피부를 갖기 위해 노력했으며, 창백한 피부, 붉은 입술, 붉은 머리카락, 강조된 이마 등이 이 시대의 특징이었다.

1590년대에는 앞머리는 곱슬곱슬하게 하고 뒤로는 소용돌이 모양을 높이 들어 올린 하이 롤(High Roll) 스타일이 유행하였으며, 붉은색 머리와 금발 또한 유행하여 여러 머리 모양을 만들기 위하여 부분 가발이나 전체 가발까지 동원되었다. 엘리자베스 시대의 여성들은 기교적인 몸짓을 공부할 뿐 아니라 얼굴에 짙은 화장을 하고 점을 붙였는데, 루즈를 바르고 그 위에 그린 점을 붙이는 풍습(뷰티 점)이 유행하게 되었다.

5) 바로크(Baroque) 시대-17세기

17세기 예술의 성격은 균형과 조화를 이상으로 삼았던 16세기의 르네상스 양식과는 달리, 기묘하고 불규칙한 조형으로 나타나게 되었다. 즉 열정적이고 자유로운 정신 속에서 자유분방함이 분출하는 율동감이 강하게 나타나는 곡선의 과장된 형태, 호화로운 장식, 화려한 색채 등 르네상스 양식에 대해 의식적으로 대항하는 듯한 양상을 띠었던 것이다.

아름답게 보이고자 하는 여성들의 본능이 바로크의 시대 정신과 함께 짧은 시간 동안 메이크업의 엄청난 변화를 초래하여, 비현실적인 중세풍의 금욕과 절제는 순식간에 사라지고 여인의 아름다움을 새롭게 평가하기 시작했다. 따라서 이 시대의 여인상은 중세의 어리고 가냘픈 아가씨 대신 따뜻한 혈색에 크고 검은 눈을 지닌 풍만한 여인으로 나타나게 되었다.

17세기 후반에는 패치(Patch)라는 새로운 데코레이션 기법이 유행하였으며, 이는 젊고 매력적으로 보이고 주근깨와 여드름을 감추기 위한 것으로서 달, 초승달, 별, 혜성 같은 모양을 만들어 얼굴에 붙였으며 붙이는 위치에 따라 그 의미를 달리했다.

이와 같이 이 시대의 메이크업의 특징은 홍조를 띠거나 붉은 연지를 칠한 뺨, 모양과 색깔이 장미꽃 같은 입술, 살이 찌고 둥근 용모로 요약될 수 있다.

6) 로코코 시대(Rococo)－18세기

로코코의 어원은 프랑스어로 로카유(rocaille)와 코키유(coquille)인데, 이는 정원의 장식으로 사용된 조개 껍데기나 작은 돌의 곡선을 의미한다. 이 곡선의 감각은 잔잔이 흐르는 듯한 또는 경쾌히 춤추는 듯한 선 감각으로서 우아하고 여성적이며 귀족적이고 반자연적이며 인공적이고 실내적인 특색을 지닌다.

18세기의 사람들도 17세기 귀족들처럼 하얀 피부를 찬미하여 여전히 피부 화장을 두껍게 하였다. 전체적으로 분을 발라 얼굴 바탕을 희게 하고 관자놀이 부근은 갈색, 입술 주위는 밝은 색조를 띠게 하였으며 광대뼈와 눈 가까이에 볼 화장을 둥글게 했다. 붉은 빛은 진홍색에서 자홍색, 장미색을 거쳐 주황색에 이르기까지 옮어졌다. 눈에 열정을 부여한다는 이유로 남녀 모두 아래 눈꺼풀에 두꺼운 화장을 하였다.

눈썹은 검게, 혈관은 아름다운 푸른색으로 치장하였고 색색의 동물 모형의 패치를 사용하였으며 가면 위에까지 패치가 사용되어 패치 사용의 극치를 이루었다.

또한 눈빛을 촉촉하게 보이기 위해 가지과에 속하는 식물인 벨라도나의 즙으로 동공을 확대하기도 하였고 인조 눈썹을 만들어 아교로 붙였으며, 이가 빠져 뺨이 들어간 부분에는 플럼퍼(plumper)라는 패드를 넣어 뺨을 통통하게 만들었다.

그러나 프랑스에서 1789년 대혁명이 일어나 많은 유행이 사라지자 창백한 화장이 유행하기 시작하였고 연지를 바르는 화장법은 쇠퇴하기 시작하였다. 영국에서도 17세기에 청교도에 의한 시민혁명이 일어남에 따라 청교도적인 순박한 생활이 일반화되어 야한 화장이 사라지기 시작하였다. 장자끄 루소 등이 제창한 자연주의와 영국적 취향이 과잉장식을 단순한 것으로 바꾸어 놓아 자연스럽게 늘어뜨린 머리, 화장을 하지 않은 얼굴, 비쳐 보이는 의상 등이 유행하고, 화장은 단지 향수만을 사용하여 자연스러움을 강조하게 되었다.

7) 19세기

혁명으로 인하여 사회의 여러 분야가 발전하면서 로코코 시대의 극단적으로 과장된 머리 모양과 화장 역시 복식과 함께 변화해 갔다.

1866년 산화아연을 만들어 냄으로써 그 동안 여성들에게 해독을 주었던 백납 분보다 훨씬 안전하고 새로운 성분이 공급되어 전 유럽과 미국으로 퍼짐에 따라 그리스 시대부터 여성들이 흰 피부를 위해 애용해오던 백납 분은 더 이상 쓰이지 않게 되었다. 영국에서는 빅토리아 여왕의 영향이 지배적이었는데 일반 시민들은 흰 피부를 유지하기 위해 화장을 하는 것 외에 입술과 볼에 루즈를 사용하는 것을 행실이 부도덕한 표시처럼 여겨 뚜렷하고 큰 눈을 위주로 연하게 하는 화장법이 유행하였다. 프랑스 혁명의 영향으로 사람들의 생활 풍조가 검소해짐에 따라 일반인에게 있어 메이크업은 매우 절제되었고 무대 화장이 그 맥을 이어갔으며 18세기에 크게 유행하였던 붉은색의 둥근 볼 터치도 아주 엷게 표현되었다. 그러나 1860년 이후부터 색조를 사용하는 메이크업이 다시 유행하기 시작하여 붉은색 볼 터치를 하고 입술을 진하게 발랐으며 아이 라인을 그리고 인조 속눈썹도 등장하게 되었다. 19세기 말에 이르러 색조를 사용한 메이크업은 일반화되었다.

세기 말로 가서는 여성들도 비즈니스나 스포츠에 대한 관심이 커지면서 요란한 머리형은 모두 단정히 빗어 올리고 모자를 즐겨 썼다. 20세기에 들어서서는 날씬한 실루엣이 주를 이룬 의상이 유행하면서 머리형이나 모자는 전체적인 분위기의 액센트가 되었는데, 타래를 사용하여 머리가 모자의 챙처럼 이마에서 뻗어나온 머리 형태를 하였다.

8) 1900-1910 시대

19세기에서 20세기로 넘어가는 시기에는 예술 사조로서 모든 유기적 생명체 속에서 장식 모티브를 얻고 그 속에서 근본적인 정신의 세계를 보고자 하는 아르누보가 나타났으며, 1909년에는 러시아 발레단의 공연으로 동양적인 색채와 스타일이 새롭게 등장했다.

과학의 급속한 발달로 인한 화장품 제조 산업이 발달해 1901년 마사지 크림, 매니큐어, 샴푸 등이 대량 생산되기 시작하였고 무성 영화 스타들의 메이크업, 헤어 스타일을 모방하기 시작하였다.

아르누보의 유기적 곡선 형태처럼 여성의 옷도 S자형이 유행하였고 디자이너 폴 푸와레(Paul Poiret)에 의해 동양적인 색채와 실루엣의 옷이 등장하면서 화장의 색조도 오리엔탈풍의 영향을 많이 받게 되었다.

눈은 동양인처럼 길어 보이도록 아이라인을 그렸고 황색 등을 주조로 동양적인 분위기를 물씬 풍기는 눈 화장법이 선을 보였으며, 입술도 작고 진한 붉은 색조로써 동양인처럼 표현하는 기법이 유행하였다. 이러한 새로운 분위기와 기법의 화장은 그 당시의 일부 패션 리더들에 의해 유행하였고, 20세기 초에는 희고 투명한 피부를 중시하는 자연스러운 화장이 대부분의 여성들 사이에 유행하였으므로 눈썹과 입술 화장도 자연스럽게 표현하였으며, 그에 따라 화장품의 소비도 기초 화장품이 주류를 이루었다.

상위 계급의 여성들은 그들 자신의 얼굴에 적합한 자신만의 방법으로 화장하였고, 여배우들은 그들(상위계급의 여성들)의 방법을 모방했고 그 시대의 다른 여성들에게 영향을 주었다. 한 예로 무용수이자 배우인 한 여자는 자신의 윤곽 음영을 버섯 색상(진한 밤색) 파우더로 처리하고 눈 가장자리와 콧구멍 위에 빨강, 초록 또는 옅은 자주색으로 점을 그려서 강조하였다.

9) 1920년대

1920년대는 유럽 중심의 서구에서 신흥 강국인 미국과 공산주의의 종주국인 소련으로 국제적 위상이 넘어가기 시작했고 여성과 흑인들의 목소리가 커지기 시작한 시대였다.

1920년대 여성들은 그 동안의 속박에서 벗어난 해방감에서 자연스런 육체의 아름다움을 표현하고자 했다. 또한 해방된 자유로운 여성들의 새로운 여성스러움과는 전혀 다른 방향으로 여성스러움을 표현하려는 여성들도 동시에 있었다.

20년대 중반에는 입술은 또렷하고 선명하게 강조하여 표현하고, 눈썹을 가늘게 다듬어서 얇게 그렸으며 눈에는 검정색 아이라인을 그리고 눈

주변을 어둡게 표현하는 등 인위적인 기교가 늘어나게 되었다. 인공적인 색소가 합성되면서 여러 피부 타입에 따라 화장 분이 여러 가지 색조로 개발되는 등 화장품의 색상이 다양하게 개발되었으며 아이섀도우, 마스카라 등 화장품이 매우 다양해졌다. 그리고 전쟁 후에는 막대 모양의 립스틱이 만들어지는 등 화장품은 색조와 품질면에서 많이 발전되었다. 한편 테다 바라(Theda Bara)와 폴라 네그리(Pola Negri) 등의 배우들은 눈 화장 시 코울(Kohl)을 짙게 바름으로써 관능적인 스타일로 주목을 받았다.

클라라 보우(Clara Bow), 글로리아 스완슨(Gloria Swanson) 등은 20년대의 이상적 여성으로 대표되는 영화 스타였다. 20년대의 영화 속에서 여성들은 짧은 단발머리(Bob hair) 형태와 선명한 화장을 하고 낮에는 점원이나 생산직 노동자로, 밤에는 파티와 댄스 혹은 모험을 즐기며 자유 연애, 흡연, 칵테일 등을 거리낌없이 하는 새로운 여성의 모습으로 주로 묘사되었다.

과거의 자연스러움에서 벗어나 인위적으로 다듬거나 그린 얇은 눈썹, 또렷하고 선명하게 강조된 작은 입술 화장은 우상시 되는 영화배우의 영향으로 등장했다.

헐리우드의 클라라 보우(Clara Bow)는 성적 매력 외에 창백한 얼굴, 헝클어진 곱슬머리, 검게 화장한 크고 게슴츠레한 눈 그리고 곡선형의 빨간 입술로 유명하다.

10) 1930년대

1929년 미국 증권시장의 파탄은 전세계적으로 큰 영향을 끼쳐 대공황이 세계로 파급되었다. 유럽에서는 1938년 히틀러가 오스트리아와 체코를 점령하고 1939년 폴란드를 침공함으로써 세계 대전에 불을 당겼으며, 1937년 일본이 중국과의 전쟁을 시작함으로써 전세계적으로 상당히 불안하였다.

경제 공황에 따른 영향으로 여성들을 가정으로 돌려 보내려는 사회적 분위기와 힘든 경제 상황이 이어지면서 여성스럽거나 성숙한 여성이 주목을 받게 되었다. 그래서 의상, 헤어 스타일, 화장 등도 부드럽게 변해서 여성의 신체 곡선을 나타내는 홀쭉하고 긴 실루엣(Silm and Long Silhouette)이 유행하게 되어 스커트의 길이는 길어졌으며 허리 선은 제자리로 돌아오고 여성의 가슴, 허리, 힙을 강조하는 스타일이 나타나게 되었다.

이 시기 대부분의 여성들은 모두 검정 혹은 푸른색의 마스카라로 화장한 신비한 눈매, 조앤 크로포드(Joan Crawford)의 나비 형태의 뚜렷한 입술과 확대 거울을 이용하여 휜하게 뽑고 정교하게 그린 눈썹을 모방하였다.

1930년의 메이크업의 패턴은 피부를 원래의 피부 색보다 약간 어둡게 표현하여 태양에 그을린 듯이 보이게 했고, 아이섀도우는 갈색으로, 아이라인은 어두운 갈색으로 슬픈 눈처럼 표현했다. 또한 눈썹의 모양은 눈썹을 뽑고 새로이 어두운 갈색 펜슬로 높게 화살같이 그렸다. 입술이 특징적으로 그려졌는데, 작은 큐피드 화살 모양이나 장미 봉우리형으로 특히 붉은 새틴처럼 반짝이는 입술이 유행했다.

11) 1940년대

2차 세계 대전 중에는 영국, 미국 등지에서 여성들의 패션과 미용 분야에 대한 규제가 심해져서 의류 판매 가격과 스타일이 제한되었으며 화장품의 생산도 제한되게 되었다. 이러한 사회 환경에도 불구하고 여성들은 구두약을 마스카라로 쓰고 쥬스와 과일, 식물기름 등을 화장품 대용으로 사용하기도 하였다.

2차 대전 이후 화장은 영화의 분장용으로 개발된 팬 케이크(Pan-Cake)을 사용하고 파우더도 여유 있게 바르는 등 이전보다 더 두꺼워졌다. 그리고 턱에 어두운 색상의 파운데이션을 바르는 등 더 입체적이고 정교하게 화장하였고, 눈썹은 30년대보다 두껍고 또렷하게 그려 강인하며 관능적이고 생동감 있게 표현하였다. 입술 부분에도 연필을 이용하여 강조하였으며 립 라인을 좀더 풍부해 보이도록 강조해서 그리고 빨간색 립스틱으로 안을 메꾸어 광택을 주었으며, 속눈썹 부분은 마스카라를 사용하고 인조 속눈썹을 붙여 강조하였다.

특히 선명하고 반짝이는 빨간 입술과 이에 어울리는 빨간색의 손톱과 발톱을 조화시키는 것이 당시 유행하는 화장법이었다. 또한 금발이나 붉은 머리 색상이 유행함에 따라 두드러지게 염색을 하였다.

화장도 가늘고 신비스러운 긴 눈썹 대신 두껍고 또렷하게 곡선적인 형태를 띠는 눈썹 등 관능적이면서 생동감 있는 표현 형태가 지배적으로 나타났다.

12) 1950년대

1950년대까지는 계속해서 영화 스타들의 모습이나 화장이 여성의 외모에 주도적인 영향을 주는 요소였다.

1950년대 중반의 메이크업은 수년 동안 영화배우들을 납 인형처럼 매혹적으로 보이게 만든 후(모든 디테일에서 완벽하게), 여배우 잉그리드 버그만(Ingrid Bergman)과 외국에서 영입한 영화들의 영향에 의하여 자연스런 모습의 화장법으로 바뀌었다. 눈과 눈썹은 강조하였으나 그리지 않았고 입술은 가볍게, 머리는 평범하게 했다. 주근깨와 같은 약간의 결점도 가끔 보이는 경우가 있었다. 할로우의 머리, 크로포드의 입, 디트리히의 눈썹 등 이 모든 것들은 과거의 것이었다.

파리에서는 중국풍의 화장법이 시작되고 그 영향은 곧 번져 나갔다. 눈썹은 뽑고 위로 치솟게 바깥쪽을 향하여 새로이 그렸고 눈꺼풀은 색으로 칠했으며, 파운데이션은 거의 분홍색이 없는 창백한 것을, 파우더는 순백색을 사용하였다. 아이라인은 속눈썹의 라인을 따라서 바깥쪽을 향해 그렸다. 윗입술은 작고 매우 날카롭게 묘사하고 아랫입술은 매우 꽉차게 육감적으로 표현했다. 그러나 사람들은 이 모습을 전체적으로 따르지는 않고 그들의 마음에 드는 요소만을 메이크업에 적용했다.

이 시기에 엘리자베스 테일러(Elizabeth Taylor)와 에바 가드너(Eva Gardner), 소피아 로렌(Sophia Lauren)도 주목을 받는 배우들이었는데, 이들의 화장법도 대중들에 의해 모방되었다. 마릴린 먼로(Marilyn Monro)도 그녀의 매력을 화장으로 더욱 과시할 수 있었다. 그녀는 인조 속눈썹을 붙이고 마스카라를 많이 칠하는 등, 속눈썹을 강조했으며 아이라이너는 이 시기의 유행처럼 올려 그리고 아이섀도우의 색은 진하게 하지 않고, 입술은 붉은 색을 바르고 윤기 있게 했으며 아웃 커브로 그려서 관능적인 모습을 과시했다.

브리짓 바르도(Brigitte Bardot)는 청순함과 관능적인 매력, 반항적인 이미지를 보여 주었다. 아이섀도우는 진하게 바르고 눈썹은 자연스럽게 그렸으며 다른 여배우들처럼 아이라인의 끝은 진하게 올려 그렸다. 이같은 인위적인 눈화장은 눈썹 화장용 연필의 사용으로 인해 더 강조될 수 있었는데, 심이 부드러운 이 연필은 전시에 외과 수술용으로 제작되었던 것이었다. 또한 이 시기에는 립스틱뿐만 아니라 초록색 아이섀도우와 금갈색의 마스카라, 다갈색의 아이라이너 등 화장품의 색상이 다양해졌다.

50년대에는 당시 전세계적으로 우상시 되었던 영화 스타들의 모습에서와 같이 성적인 매력과 함께 순종적인 미가 중요시되면서, 화장도 풍만한 곡선형의 눈썹과 관능적인 눈 화장이 강조되었고 선정적으로 붉은 입술 등의 표현 형태가 주도적이었다.

한편 50년대 후반에는 젊은 세대의 새로운 등장으로 여성의 미에 젊음과 자유로움이 부여되면서 화장의 형태가 점차 다양해지는 전조가 나타났다.

13) 1960년대

1960년대에 들어서 컬러 텔레비전과 잡지 등 대중 매체들이 일반인들에게 끼치는 영향이 더욱 커지면서 1950년대까지의 20세기 전반기보다는 화장법의 유행에 대한 영화 스타들의 영향력이 줄어든 반면, 전문 모델들의 위치가 급부상하게 되었고 사회 구성원의 개성에 따라 다양하고 새로운 메이크업이 전개되었다.

아이 메이크업 디자인에서는 미술 사조의 옵아트 같은 기하학적인 패턴을 응용하면서 화장의 색조도 모노톤과 파스텔 톤, 메탈릭한 컬러들이 등장하게 되었다. 이렇게 대담하게 강조된 눈 화장과는 대조적으로 입술 화장은 창백하게 표현하였는데, 이는 지나친 상업주의와 인간성 상실에 대한 반체제적 견해가 화장을 통해 나타난 것이라고도 볼 수 있다.

1961년의 눈 화장은 쌍꺼풀 부분에 진한 회색으로 두꺼운 라인을 그렸고, 옅은 아쿠아 색으로 하이라이트를 넣었고 황갈색으로 음영을 처리했다. 눈썹은 재색으로 그렸으며 윗입술은 라인을 바깥쪽으로 그려 주어 두툼한 입술로 보이게 했다.

1963년의 사슴 눈의 메이크업은 사라지고 검정보다는 갈색, 회색의 아이라인을 눈의 중앙에 두껍게 그려줌으로써 바깥쪽에 각 없이 둥근 형태로 보이도록 하는 효과를 주었다. 눈썹 역시 둥글게 되었다. 아이섀도우는 회색으로 부드럽게 칠했으며 주름진 부위는 강조하고 눈꺼풀은 밝게 표현하였다. 입술은 윤기 있으면서도 밝은 핑크 빛이 되도록 하였다. 볼 연지는 아주 섬세하고도 부드럽게 칠했다.

60년대 중반으로 갈수록 화장은 더욱 장식화 되고 극단적으로 전개되어서 대담해졌다. 분홍, 초록, 보라색으로 염색된 기하학적인 가발과 함께 유선형으로 두껍게 그린 아이라인에 흑백을 번갈아 바르고 인조 속눈썹에 마스카라를 칠해 더 인위적으로 만든 눈 화장이 강조점이었다.

이러한 화장은 밝음, 대담함, 짧고 경쾌하게 노출된 신체 등 당시 패션 특징과 조화를 이루면서 더욱 실험적이고 전위적인 이미지를 형성하였다.

영국의 10대 모델 튀기(Teiggy)는 헤어 디자이너인 비달 사순(Vidal Sasoon)의 짧은 커팅에 의해 만들어진, 전체 길이가 층진 기하학적인 커팅 스타일로 주목받았다. 그리고 꿈과 같이 환상적인 세계를 표현하는 하나의 가면과 같은 장식적인 화장이 등장하였는데 새, 동물, 나비들의 형상을 인위적이고 장식적으로 그렸다.

소녀들은 머리에 꽃을 꽂고 얼굴과 눈에 꽃을 닮은 형태의 포인트를 그려 잔잔하거나 꿈꾸는 듯한 표현을 하였다.

14) 1970년대

1970년대는 1960년대와 대조적인 성격을 띠었다. 1960년대가 격동적이고 낙천적이며 혁신에 찬 시대였다면, 1970년대는 마법에 각성한 듯한 느낌과 불황, 부정적인 기분을 가졌고, 최후에는 펑크(punk)라고 하는 울부짖는 듯한 파괴적인 혼란이 일어났다.

60년대에 극단적으로 강조하던 눈과 창백한 입술 등 실험적인 젊음을 표현하였던 화장 형태는 70년대 중반으로 갈수록 얼굴 전체에 풍부한 색조를 부여한 성숙한 이미지로 변화하였다. 60년대의 밝고 혁신적인 시대에서 전반적인 경제 침체로 이어지는 70년대의 사회 분위기 속에서 눈썹은 과거 30년대와 같이 정교하고 얇아졌으며 마스카라와 립스틱에도 상당한 주의를 기울여 입술의 외곽 선을 뚜렷하게 그리고 반짝이를 칠했다.

1972년경에는 자연스러운 볼 연지와 다양한 입술색이 유행하였고, 1975년에는 황갈색조가 강세였으며 볼 연지와 입술 색은 밝고 투명해졌다.

황갈색, 핑크, 라벤더, 핑크 로즈, 그린 등의 아이섀도 색상에 밝은 립스틱 색상이 유행하다가 1970년대 후반에는 브라운, 그레이, 금빛의 아이섀도우에 글로시하거나 붉은색 립스틱이 유행하였는데, 립스틱 위에 바르는 투명 립 글로스는 이 시기가 전성기였다.

1979년 메이크업은 메이크업다워야 했고, 여성들은 거의 쇼핑을 할 때도 메이크업을 했다. 영화와 팝 세계는 젊은이들의 모습과 드레스에 영향을 미치고 있었으나 그 영향력은 더 일반적인 것이었다. 유행하는 TV 시리즈 '찰리의 천사들' 에서 매혹적인 모습의 젊은 여성들, 특히 파라 파세트 메이져(Farrah Fawcett-Major)는 자연스런 모습의 화장과 얼굴과 어깨에 부드럽게 드리워진 캐주얼한 머리 모양을 하고 건강하고 단정한 캘리포니아 스타일을 보여 주었다.

펑크족은 고무나 플라스틱제의 팬츠를 입고 징이 달린 액세서리 등을 했으며 헤어 스타일은 여러 가지 색으로 염색을 하고 뾰족하게 세우거나 일부분을 깎아 버리기도 하였다. 화장도 이와 같은 분위기로 전위적인 모습을 보여 주었는데, 피부는 창백하리만치 하얗게 표현하고 눈썹과 눈은 검정색이나 다른 강한 색과 선으로써 눈길을 끌었으며 입술의 색도 마치 뱀파이어의 분장처럼 검정색을 섞어 발랐으며 문신도 즐겨 했다. 이러한 모습은 남녀 구분 없이 나타났고, 펑크족의 스트리트 패션은 기존 디자이너들의 디자인 영감의 원천으로도 작용하여 이들의 화장법과 패션은 일반 대중들에게도 영향을 끼쳤다.

15) 1980년대

세계적으로 고도 성장을 이룩한 시기로 컬러 TV가 등장하면서 색상 혁명이라 일컬어질 만큼 다양하고 화려한 컬러가 사용되었다. 70년대 말 영국에서 시작된 펑키 스타일이 패션계 전반에 영향을 미치기 시작한 때도 바로 80년대이다.

1970년대의 펑크 스타일의 영향으로 울긋불긋한 머리, 전위적 느낌의 메이크업 등이 펑크 룩과 함께 유행하였고 컬러 마스카라 등의 다양한 제품들이 등장하였다. 짙은 눈썹의 영화배우 브룩 쉴즈(Brooks Shields)로 대표되는 1980년대 중반의 여성들은 남성처럼 눈썹을 짙게 그리고 화장을 하지 않은 본래의 얼굴에 가까운 자연스런 색조 화장을 함으로써 남자가 옅은 화장을 한 것 같은 중성적인 메이크업을 한 반면, 컬처 클럽의 보이 조지, 프린스 등의 남자 가수들은 화려한 색채 화장을 하기도 했다. 스포츠에 대한 관심이 높아지면서 체형미와 남성의 상징이었던 글래머에 대한 관심도 높아져 그을린 듯한 어두운 피부톤의 건강하고 아름다운 여성미가 유행했다.

1970년대에 이어서 1980년대도 기능성 화장품의 개발이 계속 이루어져서 여드름 치료 효과가 있는 화장품이나 노화 방지 크림이 나왔다. 눈 화장을 하는 데 편리하도록 여러 가지 기능의 마스카라가 나왔는데, 셀룰로즈(Cellulose)를 이용해서 속눈썹을 풍성하게 보이게 하는 마스카라, 방수가 되어 여름에 사용하기 편리한 워터 프루프(Water-Proof) 마스카라 등이 있었다.

1980년대 중반 이후 오존층 파괴가 사회 문제로 부각되면서 피부에 미치는 영향, 곧 자외선의 부작용과 피부암에 대해 걱정하는 분위기 속에서 기능성 화장품

개발에 박차를 가한 반면, 컬러에 대한 관심은 점점 퇴색하여 질감을 중시하고 투명감을 살리는 내추럴 풍의 메이크업이 강세를 보였다. 즉 자연스러운 눈썹과 살색, 복숭아색, 연핑크, 연갈색 등 부드러운 색상들을 선호하였다.

16) 1990년대

90년대의 시대적 기상도는 탈냉전이다. 소련의 지배를 벗어난 동구권뿐만 아니라 대부분의 국가가 이데올로기 붕괴 후에 몸살을 앓았다. 미국과 소련 양측이 팽팽한 균형을 유지해 오던 세계 질서가 무너지면서 정치, 경제, 문화 전반에 걸친 아노미 현상이 발생하였던 것이다.

한편 지구촌의 오염과 무분별한 개발로 인한 환경 문제의 위기 의식이 대두되면서 이러한 인식이 패션과 미용 분야에도 중요한 주제와 소재로 떠오르게 되었다. 그래서 천연 소재의 자연스런 질감과 색을 위주로 스타일링을 하면서 에콜로지 룩(Ecology Look), 그런지 스타일(Grungy Style), 네오 히피 스타일(Neo-Hippie Style), 내추럴 스타일(Natural Style) 등이 나타나게 되었다. 따라서 화장의 색조가 매우 엷어짐으로 인해 눈썹도 흐리게 그리고 입술 화장도 엷게 하는 투명 화장이 유행하게 되었다. 이렇게 자연스럽고 가볍게 하는 화장이 유행함에 따라 여성들은 피부에 더욱 관심을 갖게 되어 화장품 생산에 있어서도 피부를 분석하고 관리하는 전문 제품들이 더욱 세분화되어 개발되었다.

90년대 인류 최대의 관심사라 할 수 있는 환경 문제가 에콜로지풍의 유행을 만들어 냈다. 화려한 원색 대신 자연색인 그린이나 브라운 컬러가 인기를 얻었고, 패션과 더불어 복고풍이 인기를 끌면서 다양한 스타일이 몇 개월 주기로 변화하는 양상을 띠었다. 에콜로지의 영향으로 눈썹과 입술 메이크업의 색조가 매우 엷어져 투명 메이크업이 유행하였다. 또한 눈 주위를 강조하는 메이크업이 인기를 끌면서 그린과 블루 컬러가 시선을 끌기도 했다.

1990년대 후반에는 세기 말의 분위기가 농후해지면서 미래에 대한 동경과 두려움이 메이크업에도 반영되어 다양한 표현 방법이 등장하였다. 샤이니 펄 메이크업으로 투명감을 강조하는 베이스 표현은 파우더, 아이섀도우, 블러셔, 립스틱에도 광택이 들어가지만, 입술과 눈을 내추럴하게 표현하여 맑은 이미지를 강조하였다. 입술에 립 글로스를 바르거나 기름기가 있는 제품을 덧발라 투명하면서도 글로시한 느낌을 강조하는 글로시 메이크업도 유행하였다.

II 메이크업 도구

메이크업 기본 도구 7

1) 스펀지(sponges)

메이크업 베이스나 파운데이션을 바를 때 사용하는 도구이다.

• 라텍스 스펀지(latex sponges)

천연 생고무를 원료로 하여 만들어졌으며 오염이 되었을 경우에는 물에 빨지 않고 가위로 잘라 사용한다.

• 해면 스펀지(sea sponges)

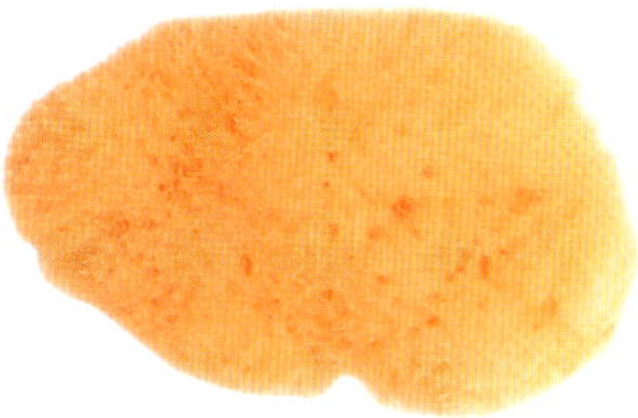

물에 담그면 부드러워지는 천연 스펀지로 팬 케이크 사용 시 편리하다. 소재의 특성으로 인하여 촉감이 유연해 얼굴의 어느 부분에도 고르게 사용할 수 있다.

• **합성 스펀지(complex sponges)**

석유 화학에서 얻은 인조 원료로 만들어진 제품으로 유분의 흡수력이 떨어지지만 탄력이 있어 형태 보존력이 좋으며 가격이 저렴하다. 사용 후 깨끗이 세척한 다음 건조시켜 사용한다.

2) 퍼프

파우더를 바를 때 사용하는 도구이며 100% 면을 사용하는 것이 좋다. 문지르지 말고 눌러 사용하며 털 길이가 짧고 접었다 펴도 회복력이 빠른 것을 선택한다. 세탁 후 물기를 짠 후 그늘에 말린다.

3) 브러쉬

브러쉬는 메이크업 아티스트의 화장용 키트의 매우 중요한 일부분이다. 브러쉬들은 화학모와 천연모 모두 생산되고 있지만 감촉이 부드러운 천연 소재가 좋다. 사용 후에는 중성 세제에 흔들어 빨고 린스 물에 30초 정도 담가 흐르는 맑은 물에 헹군다. 헹군 후 그대로 털어 결을 잘 정리한 후 그늘에 뉘어 말린다. 정기적으로 순한 세제의 비눗물에 담가 깨끗해질 때까지 헹구는 방식으로 세척하는 것이 좋으며 절대로 드라이어로 브러쉬를 말려서는 안 된다. 드라이로 말리면 털이 곱슬곱슬해지고 끊어질 수 있으며 열로 인해 나무 손잡이가 수축될 수 있다.

• **페이스 브러쉬(Face Brush)**

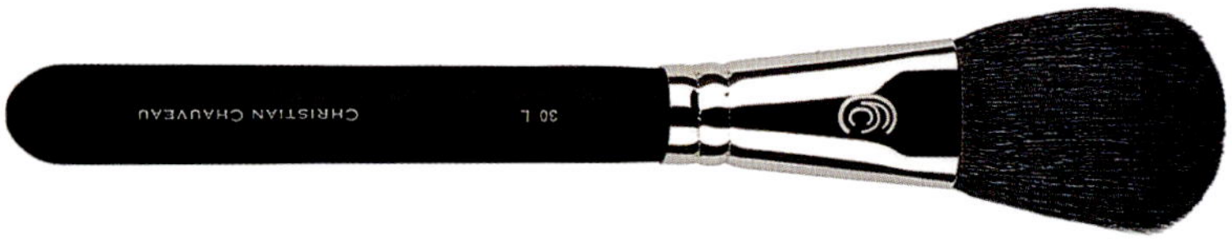

메이크업 붓 중 가장 크고 부드러운 브러쉬로 퍼프 대신 파우더 처리를 하거나 과다한 파우더를 털어내 주고 투명한 느낌으로 마무리해 준다.

• 팬 브러쉬(Fan Brush)

파우더의 남은 잔여물을 털어낼 때나 섀도우를 털어낼 때 등 화장품의 잔여물을 제거할 때 사용된다. 파우더를 충분히 바른 후 남아 있는 파우더를 털어 주는 부채꼴 모양으로 생긴 브러쉬이다.

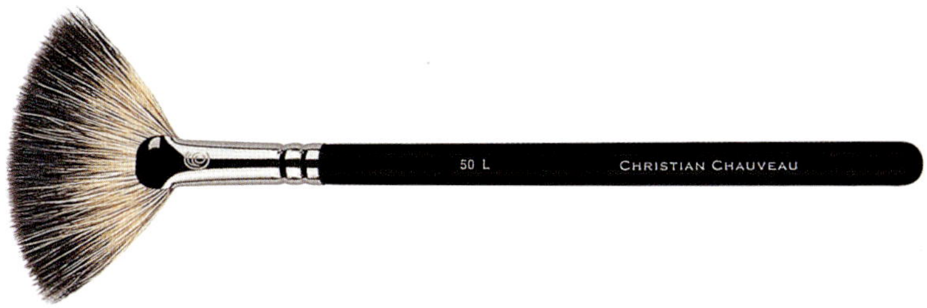

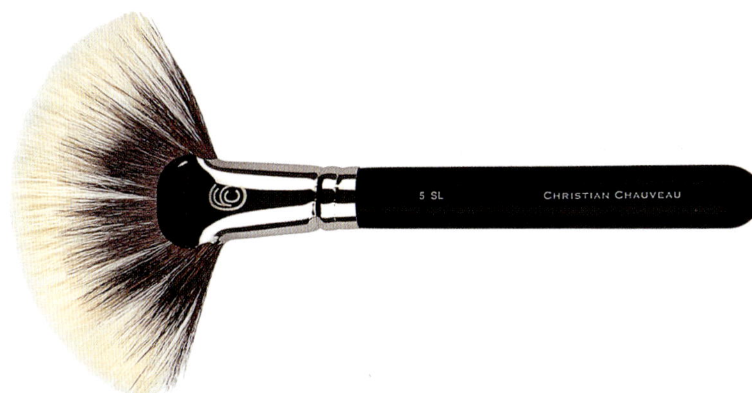

• 치크 브러쉬(Cheek Brush)

얼굴의 음영 및 볼의 생기를 표현할 때 사용한다. 털의 양이 풍성하고 부드러울수록 색의 표현이 좋다.

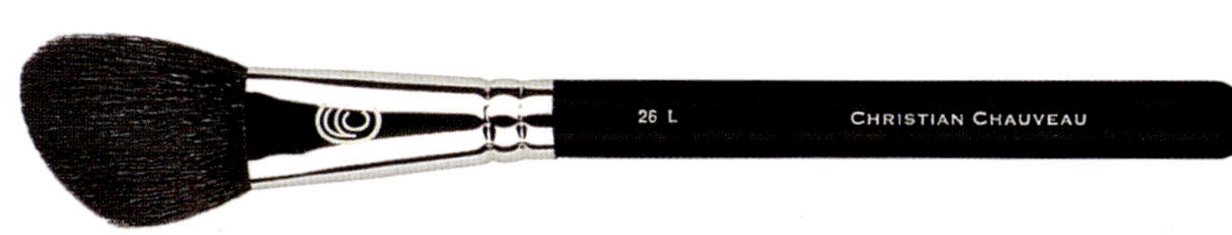

• 노우즈 브러쉬(Nose Brush)

코 부분의 입체감을 표현하기 위해 사용한다. 힘 있고 숱이 많을수록 좋다. 사선 모양의 숱이 많은 브러쉬이다.

• 사선형 눈썹 브러쉬(Slant Eye Brush)

눈썹의 공간을 채우거나 짙게 만들기 위해 아이섀도우 및 눈썹 연필과 함께 사용하며 사선 형태가 가장 이상적이다.

돼지 털로 만든 것은 힘이 있어 눈썹 숱이 많고 억센 경우에 사용하며, 족제비 털로 만든 브러쉬는 눈썹이 가늘거나 부드러운 경우에 사용한다.

• 아이섀도우 브러쉬(Eyeshadow Brush)

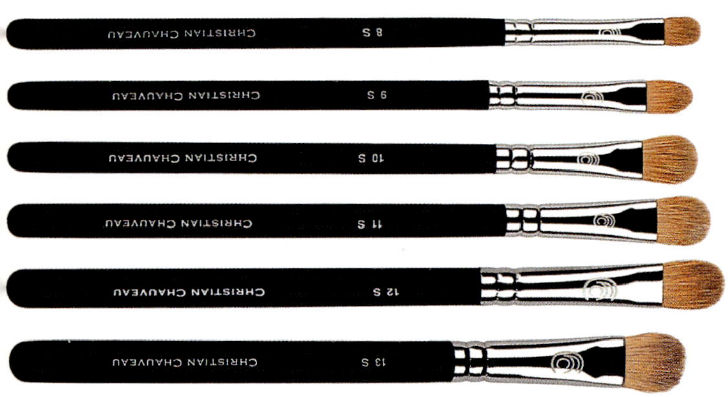

베이스용은 폭 12~15mm 정도의 납작하고 넓은 것을 사용하고, 메인 컬러용은 8~10mm, 하이라이트용은 10mm 전 후, 언더라인이나 포인트용은 5mm, 은폐제용은 부드럽고 넓지 않으며 단단한 것을 사용한다.

선명한 라인 처리용과 아이브로우용은 끝이 반듯하거나 사선으로 잘린 것을 사용하고, 그라데이션용은 솔의 끝이 둥근 것을 사용한다.

• 아이라이너 브러쉬(Eyeliner Brush)

아이라인을 그릴 때 사용하며 가늘고 탄력이 좋아야 하고 끝이 갈라지지 않는 브러쉬라야 깨끗하고 선명하게 그릴 수 있다.

• 립 브러쉬(Lipstick Brush)

민감한 부위이므로 특히 질이 좋은 브러쉬를 사용해야 하며 털이 부드럽고 길이가 일정하고 탄력성이 좋아야 한다. 끝이 둥근 라운드형 브러쉬와 끝이 반듯하게 잘려진 스트레이트형 브러쉬가 있는데, 라

운드형 브러쉬는 곡선형의 입술을 그릴 때 편리하며 스트레이트형 브러쉬는 각진 입술을 그릴 때 편리하다.

4) 속눈썹 빗

눈썹을 엉겨 붙지 않게 하는 데 사용하며 특히 마스카라가 뭉쳤을 경우 빗어 주는 빗이다.

5) 면봉

부분 메이크업 혹은 세심한 수정 시에 용이하며, 머리가 둥근 것과 뾰족한 것이 있는데 사용 목적에 따라 구분하여 사용한다.

6) 스파튤라(Spartular)

립스틱, 크림, 파운데이션 등을 용기에서 덜어내어 위생적으로 사용할 수 있으며 간단한 컬러 테스트도 실시할 수 있다.

7) 족집게

끝이 수평인 족집게 혹은 경사진 족집게가 있으며 지나치게 숱이 많은 눈썹이나 무질서하게 난 눈썹을 정리하는 데 용이하며 눈썹을 뿌리까지 뽑는 데 사용한다.

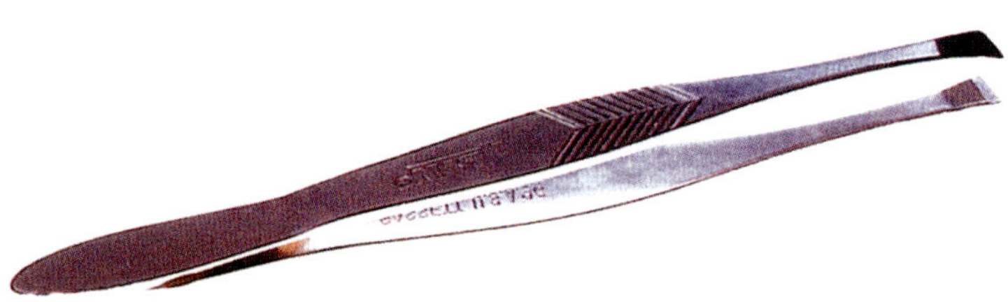

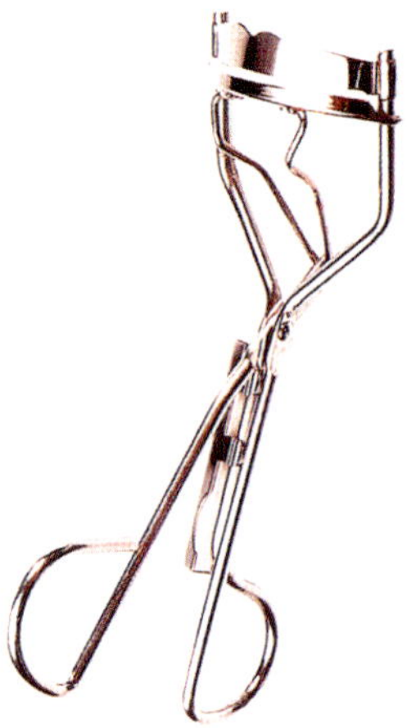

8) 아이래쉬 컬러(Eye Lash Curlers)

직선으로 뻗어 있는 속눈썹을 곡선으로 만들어 눈을 보다 크게 보이게 하고 표정을 풍부하게 나타낸다. 작은 고무를 압박하면서 눌러 조절하며 3단계로 아이래쉬 컬러를 사용하는데 속눈썹 뿌리에서 한 번, 중간에서 한 번, 눈썹 끝에서 한 번 눌러주면서 뺀다.

9) 눈썹 수정가위(Eye Brow Scissors)

눈썹 수정이나 속눈썹 커팅 시에 필요하다. 가위 날이 정교하고 눈의 형태에 잘 맞는 것을 선택한다.

10) 눈썹 칼(Eyebrow Knife)

눈썹 윤곽을 잡아 털을 제거하거나 잔여 눈썹 털을 제거할 때 사용한다. 비스듬히 뉘어 사용하며 최근에는 전동식을 사용하기도 한다.

11) 인조 속눈썹

속눈썹을 더욱 길고 풍성하게 보이기 위해 사용하는 것으로 숱의 정도나 색상이 다양하므로 표현 목적에 따라 선택할 수 있다. 눈의 모양과 메이크업의 특성에 맞춰 알맞게 커팅하여 사용한다.

III

얼굴 분석과 수정 메이크업

7 얼굴 분석

1) 이상적인 얼굴의 균형도

(1) 가로 분할(얼굴 폭)

얼굴 정면을 가로로 분할하여 3등분 한다.

- 1등분 : 윗 헤어 라인 ~ 눈썹
- 2등분 : 눈썹 ~ 코 끝
- 3등분 : 코 끝 ~ 턱 끝

(2) 세로 분할(얼굴 길이)

얼굴의 정면을 세로 분할하여 5등분 한다.

- 1등분 : 옆 헤어 라인 ~ 눈 꼬리
- 2등분 : 눈 꼬리 ~ 눈 앞머리
- 3등분 : 눈 앞머리 ~ 반대 눈 앞머리
- 4등분 : 눈 앞머리 ~ 눈 꼬리
- 5등분 : 눈 꼬리 ~ 옆 헤어 라인

(3) 눈 머리

눈 머리는 콧볼에서 수직으로 올린 선에 위치한다.

(4) 눈썹 길이

눈썹 앞머리는 눈썹에서 수직으로 올린 선에서 시작하고 눈썹 꼬리는 콧방울 끝에서 눈 꼬리를 지난 연장선과 만나는 점에 위치한다.

(5) 눈과 눈 사이

이상적인 눈과 눈 사이의 거리는 눈의 길이와 같다.

(6) 코

콧볼은 이마에서 2/3 되는 지점에 위치한다.

(7) 입술

입술은 정면으로 바라보았을 때 눈동자 안쪽의 수직 연장선과 만나는 지점에 위치한다. 윗입술과 아랫입술의 비율은 1 : 1.5이다.

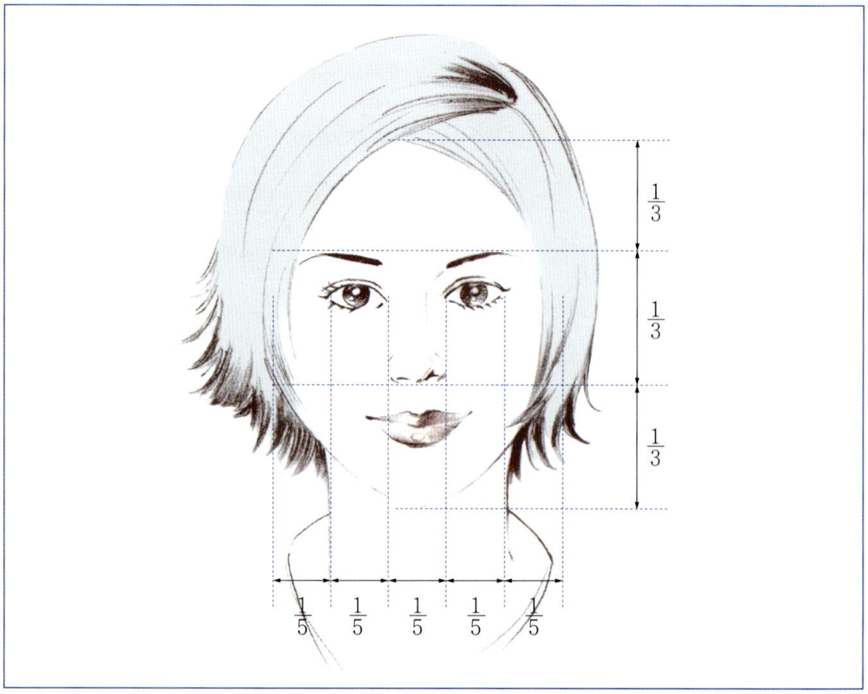

<얼굴의 균형도>

2) 얼굴의 윤곽 수정법

얼굴 구조를 분석해 보면 이목구비가 또렷한 얼굴 형태를 연출하기 위해서는 돌출과 함몰의 명암에 대한 원칙을 인식해야 함을 알 수 있다. 따라서 색의 명암의 차이를 이용하여 착시 현상을 만들어냄으로써 얼굴에 입체감을 부여하여 단점을 최소화하고 장점을 살리는 메이크업을 하여야 한다.

(1) 베이스(Base)

베이스는 피부 색에 가장 가까운 톤의 파운데이션으로 목의 색과 비교하여 얼굴 전체에 사용한다.

(2) 하이라이트(Highlight)

하이라이트는 얼굴의 일부분을 돋보이게 하거나 화사하게 보이도록 하기 위한 것으로 베이스보다 2~3단계 더 밝은 색상이다.

- T-zone : 이마에서 콧등에 이르는 T자형
- V-zone : 양볼의 중앙과 턱의 중앙 부분을 연결시킨 선
- Y-zone : 눈밑, 턱 중앙 특히 다크 서클이나 입술의 그림자로 인해 들어가 보이는 선
- O-zone : 피부가 얇은 곳이므로 주름이 생기기 쉽기 때문에 자극 없이 가볍게 두드리듯 얇게 밀착시킨다.

(3) 섀딩(Shading)

섀딩은 수축해 보이거나 들어가 보이고 싶은 부위에 주로 발라주는데 보통 베이스보다 1~2단계 더 어두운 색상을 사용한다. 각진 턱, 넓은 이마, 코 벽, 헤어 라인 등에 주로 사용한다.

- S-zone : 양쪽 귀 밑선에서 턱 선까지의 S자형
- U-zone : 양쪽 귀 선에서 광대뼈보다 약간 아랫쪽으로 이어지는 U자형

Hair Line-Zone

T-Zone

Y-Zone

O-Zone

S-Zone

U-Zone

얼굴형에 따른 수정 메이크업

2

1) 얼굴 수정을 위한 베이스 메이크업

(1) 둥근 얼굴(Round face)

양볼의 뒷부분 즉 얼굴의 외곽 부분에 전체적으로 어두운 섀딩를 넣고 이마, 턱, 콧등에 세로 형태로 길게 하이라이트를 주어 전체 얼굴형이 갸름해 보이도록 한다.

(2) 사각형 얼굴(Square face)

각진 얼굴은 이마 양 옆과 양쪽의 각진 턱뼈 부분에 섀딩을 넣어 주고 이마와 콧등에 하이라이트를 주어 전체적으로 얼굴이 둥그스름하게 보이도록 메이크업을 한다.

(3) 다이아몬드형 얼굴 (Diamond face)

튀어나온 볼 뼈를 중심으로 넓게 각진 부분을 섀딩 처리해서 무난한 느낌을 주도록 하고 이마 양 옆부분과 중앙 역시 다소 넓게 하이라이트를 넣어 부드러운 느낌을 만든다.

(4) 긴 얼굴(long face)

얼굴 폭에 비해 길이가 길어 보이는 얼굴형으로 하이라이트를 가로의 느낌으로 처리하여 볼이 통통해 보이도록 연출하고 헤어 부분과 턱 끝선에 섀딩을 넣어 얼굴이 다소 짧아 보이도록 수정한다.

(5) 역삼각형 얼굴 (Uninverted Triangular face)

역삼각형 얼굴은 이마쪽의 얼굴 폭이 넓고 턱 끝이 뾰족한 얼굴형이므로 넓은 이마 양옆과 뾰족한 턱에 섀도우를 넣고 턱 아랫부분이 지나치게 야위어 보일 때는 하이라이트를 넣어 도톰하게 보이도록 표현한다.

(6) 삼각형 얼굴(Triangular face)

이마 넓이보다 양 볼이 넓어 보이는 얼굴형으로 이마 양쪽에는 하이라이트 처리를 해주고 양 볼은 섀딩의 효과를 주어 좁아 보이도록 연출한다.

IV

기초 메이크업

베이스 메이크업

7

1) 베이스 메이크업(Base Make-up) 제품의 종류와 기능

(1) 메이크업 베이스(Make up Base)

① 목적

- 외기 환경과 색조 화장품으로부터 피부를 보호한다.
- 피부 색을 보정해 주는 역할을 한다.
- 파운데이션의 퍼짐성과 밀착력을 좋게 함으로써 지속력을 높여 준다.
- 피부 색에 따른 메이크업 베이스는 안색을 정리해 준다.
- 자외선으로부터 피부를 보호해 준다.

② 종류

• 리퀴드 타입(Liquid Type)

일반적으로 가장 많이 사용하는 유형이며 가벼운 화장을 할 때나 지성 피부에 적합하다.

• 크림 타입(Cream Type)

피부를 두껍게 커버하고자 할 때나 건성 피부에 적합하다.

③ 피부 색에 따른 제품 선택

메이크업 베이스를 사용하는 목적 중의 하나는 본래 표현하고자 하는 파운데이션의 색상을 가장 효과적으로 나타내기 위함이다. 따라서 사용자의 피부 색에 따라 메이크업 베이스의 색을 선택해야 한다.

색상	색상에 따른 효과
그린(Mint) 계열	붉은 피부나 여드름 자국 등 전체적으로 붉은 기운의 잡티가 많은 피부에 적합하다.
핑크(Pink) 계열	창백해 보이는 노란 기운의 피부에 혈색을 부여해 피부 색을 밝고 화사하게 표현해 준다.
옐로우(Yellow) 계열	까무잡잡한 피부를 노르스름하게 중화시킬 때 표현한다.
오렌지(Orange) 계열	선탠(Suntan)한 느낌의 건강한 피부 색을 표현할 때 사용한다.
퍼플(Purple) 계열	칙칙하거나 누렇게 뜬 피부 또는 동양인의 피부 표현에 적합하다.
화이트(White) 계열	칙칙하고 지저분해 보이는 피부나 어두운 피부 색을 맑고 투명하게 만들어 준다.
블루(Blue) 계열	주근깨, 기미 등 잡티가 많은 피부에 부분적으로 사용하여 연출한다.

(2) 파운데이션(Foundation)

① 목적

- 일시적인 미백 효과가 있으며 피부 색을 일정하게 조절하여 이상적인 이미지의 피부 색을 표현한다.
- 피부의 결점인 기미, 여드름, 주근깨, 잡티를 커버해 주며 부분 화장을 돋보이게 한다.
- 유해한 외기로부터 피부를 보호하며 피부 내의 수분이 증발하는 것을 막아 보습 효과를 준다.
- 윤곽을 수정해 주고 입체감을 부여해 준다.

② **종류**

종류	기능 및 장단점
리퀴드 파운데이션 (Liquid Foundation)	수분 함량이 가장 많아 촉촉하며 피부에 대한 친화력과 밀착감이 우수한 제품으로 투명감 있게 마무리되므로, 피부 결점이 없는 피부에 자연스럽게 표현된다. 반면에 커버력과 지속력은 떨어지는 경향이 있다.
크림형 파운데이션 (Cream Foundation)	리퀴드 파운데이션보다 커버력이 우수하여 모든 피부에 일반적으로 사용된다.
스틱형 파운데이션 (Stick Foundation)	유분과 수분을 적당히 배합하여 고체화한 제품으로, 다른 종류의 파운데이션보다 피부의 결점을 보완하는 커버력이 좋아 방송, 무대 등에서 폭넓게 활용되며 지속력이 우수하다. 일반적으로 전문 아티스트용으로 많이 사용한다.
스킨 커버 (Skin Cover)	크림 타입보다 커버력이 우수하여 무대 화장, 신부 화장 등 전문 화장에 적합하다.
파우더 파운데이션 (powder Foundation)	매트한 타입의 파운데이션으로 휴대하기 간편하며 여름철이나 넓은 면에 하는 스피드한 메이크업에 많이 사용된다.
투웨이 케이크 (Two-way Cake)	자외선 차단 및 커버력이 우수하고 단시간 내에 메이크업이 가능하며 지성 피부에 적합하고 여름에 사용하는 것이 좋다.
팬 케이크 (Pan Cake)	방수 효과가 매우 뛰어나며 물과 함께 사용해야 하고, 베이스 메이크업의 효과를 차분히 마무리해 줄 때 사용한다.

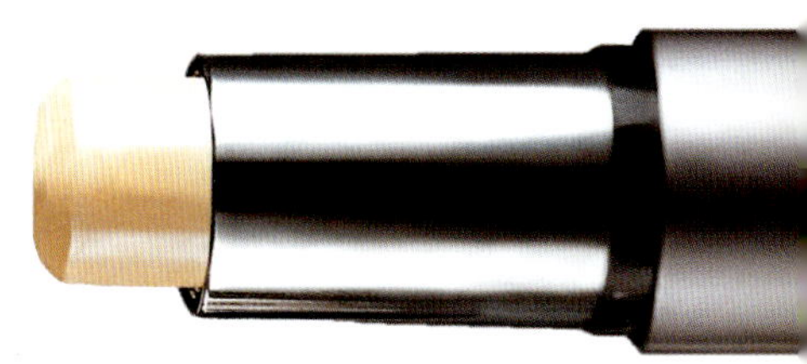

③ **파운데이션을 바르는 테크닉**

- 얼굴 페이스 라인과 목의 경계선이나 이마 헤어 라인 경계선에 눈에 두드러지는 차이가 나지 않도록 주의하여 바른다.
- 파운데이션을 고르게 펴 바르고 명암 처리를 잘하기 위해서는 처음 얼굴 전체에 파운데이션을 펴 바를 때 손가락이나 스펀지를 이용하여 문질러주듯 펴 바르는 슬라이딩(sliding) 기법을 사용하고, 파운데이션을 피부에 밀착시키기 위해서는 두드리면서 바르는 패팅(patting) 기법을 사용하는 것이 좋다.

(3) 컨실러(Concealer)

① **목적**

• 눈 밑 다크 서클, 붉은 반점, 기미나 주근깨 등 기타 피부의 결점을 커버하고자 할 때 사용한다.
• 피부의 패인 부분을 메워 준다.
• 하이라이트 효과를 줌으로써 화사하고 입체적인 윤곽을 표현한다.

② **종류**

• 리퀴드 타입(Liquid type)

수분 함량이 많고 엷게 표현되므로 자연스러운 피부 표현에 적합하다.

• 크림 타입(Cream type)

쉽게 퍼지고 유연하여 건성 피부에 적합하다.

• 스틱 타입(Stick type)

유분이 많고 결점을 보완하는 커버력과 피복력이 우수하다.

• 펜슬 타입(Pencil type)

결점 부위가 적고 결점의 강도가 강하여 결점 부위만을 커버하고자 할 때 적합하다.

(4) 페이스파우더(Face powder)

① **목적**

• 파운데이션 사용 시 나타나는 피부의 광택을 없애 주어 화장이 오래 유지될 수 있도록 한다.
• 자외선으로부터 피부를 보호해 준다.
• 기초와 색조 메이크업을 오래 지속시키는 고정분의 역할을 한다.

② **종류**

색상	용도
투명 파우더	파운데이션의 색상이 그대로 유지되어 투명하고 깨끗한 피부 표현이 된다.
그린 계열 파우더	붉은 기가 많은 얼굴에 사용되면 붉은 색을 중화시켜 깨끗한 피부 표현에 도움을 준다.
핑크 계열 파우더	창백한 피부에 혈색을 부여하고 화사한 느낌을 주며 특히 신부 화장을 할 때 적합하다.
오렌지 계열 파우더	화사하고 건강한 이미지를 주며 신선함과 생동감을 준다.
옐로우 계열 파우더	검은색 피부를 중화시킨다.
퍼플 계열 파우더	화려한 분위기를 연출하므로 파티 메이크업이나 나이트 메이크업 시 매력적인 이미지를 준다.
화이트 계열 파우더	피부를 투명하고 빛나 보이게 한다. 가부끼, 경극 등의 무대 화장에 많이 사용된다.
펄 계열 파우더	펄을 함유하고 있으므로 화려한 이미지 연출이나 쇼 메이크업 시 독특한 이미지를 연출한다.

③ **파우더의 형태**

• 분말형 파우더

투명한 피부로 표현할 때 사용되며 입자가 섬세하여 피부에 곱고 얇게 발라지므로 땀이나 물에도 얼룩지지 않는다. 단 가루가 날려 휴대하기 불편한 단점이 있다.

• 압축형 파우더

분말형에 비해 비교적 휴대가 간편하고 피지 흡수력이 우수하며 커버력이 뛰어나 단독으로 사용하는 것이 가능하다.

아이 메이크업 2

1) 아이브로우(eye brow)

눈썹은 얼굴 전체의 분위기를 좌우하는 중요한 역할을 한다. 또한 얼굴형에 따라 눈썹의 모양을 달리하면 얼굴형의 결점을 보완할 수도 있다. 적절하게 다듬고 잘 그려진 눈썹은 얼굴의 이미지를 돋보이게 하고 균형 잡힌 메이크업을 완성하는 역할을 한다.

모델의 얼굴형이나 메이크업 연출에 따라 다양한 눈썹을 적용시켜 이미지 변화를 유도하도록 한다.

(1) 제품의 종류

① 펜슬 타입(Pencil type)

크림 성분을 함유하고 있어 사용이 편리하며 깨끗하고 선명하게 그려지는 장점이 있으나 인위적으로 보일 수 있다.

② 섀도우 타입(Shadow type)

자연스러운 눈썹 표현에 가장 효과적이다.

③ **에보니 타입(Ebony type)**

눈썹에 자극 없이 부드럽게 한올 한올 그릴 수 있으며 흑연을 함유한 발색력이 없는 회색으로 연필을 뉘어서 그려 준다.

(2) 눈썹 색상의 이미지

① 검정 - 강해 보이므로 고전적인 눈매를 선명하게 표현하는 한복 메이크업에 주로 사용한다. 특히 피부가 흰 사람이나 눈이 큰 사람에게 잘 어울린다.

② 회색 - 차분하고 침착하며 자연스러운 느낌을 주며 대중적이며 가장 무난하다.

③ 갈색 - 세련된 느낌을 주어 현대적인 분위기 연출에 사용되며 우아하고 여성스러워 보이지만 나이가 들어 보일 수 있다.

(3) 눈썹 수정 테크닉

① 눈썹을 정리하기 전 스크루 브러쉬로 눈썹의 결을 가지런히 정리한다. 이때 브러쉬를 수평으로 들고 안에서 바깥쪽 사선 방향으로 가지런히 정리한다.

② 눈썹 수정가위를 이용하여 눈썹의 아랫쪽 부분을 살짝 누르듯이 밀면서 불필요한 부분을 잘라 낸다.

③ 눈썹 수정가위를 이용하여 눈썹의 길이를 조절하며 아이브로우 브러쉬를 이용하여 눈썹의 길이를 조절한다.

④ 눈썹 전용 면도칼을 이용하여 눈두덩의 잔털을 깎아주어 눈썹의 라인을 전체적으로 깔끔하게 정돈한다.

⑤ 남아 있는 눈썹은 족집게를 이용하여 눈썹이 난 방향으로 뽑아 준다.

⑥ 수렴 화장수로 패팅(patting)해 피부를 진정시킨다.

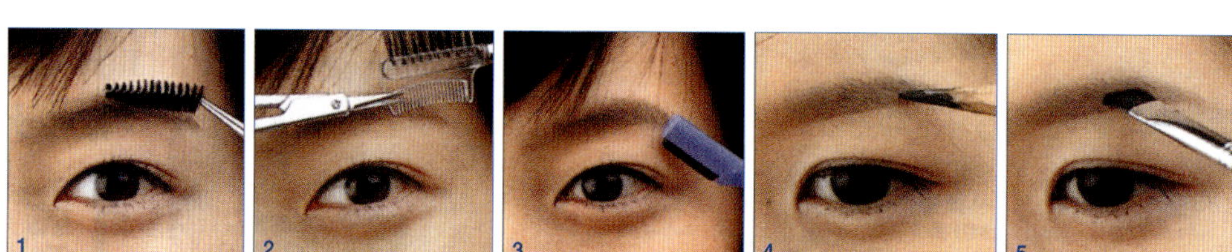

(4) 기본형 눈썹 그리는 방법

① 눈썹의 시작점은 콧망울을 지나 수직으로 올려 만나는 곳에 위치하도록 한다.

② 눈썹 산은 눈썹 길이의 2/3 지점에 위치하거나 붓 끝을 사용해 눈동자의 바깥쪽 지점에 위치한다.

③ 눈썹 길이는 콧망울에서 눈 꼬리를 지나는 연장선이 만나는 지점에서 정한다.

④ 눈썹 길이는 눈 길이보다 길게 그린다.

⑤ 눈썹 앞머리와 눈썹 꼬리는 일직선 상에 위치하도록 한다.

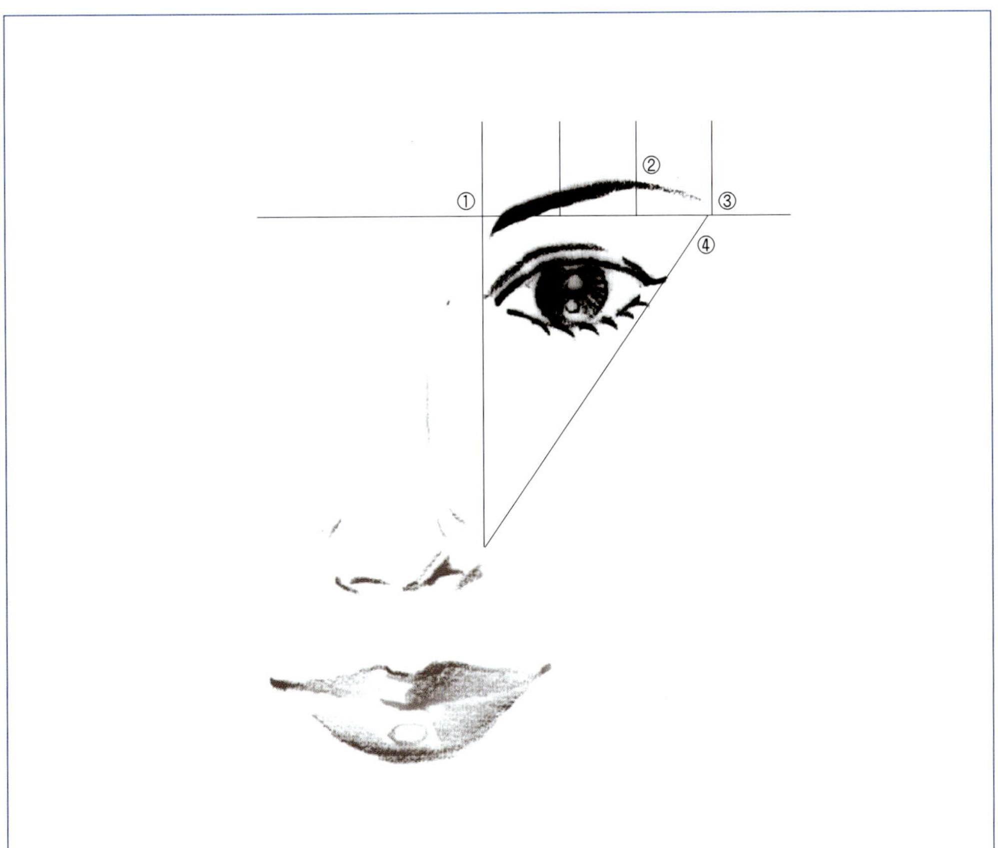

<이상적인 눈썹 모양>

(5) 여러 가지 눈썹의 형태

① 표준형 눈썹

가장 무난하고 많이 그리는 눈썹형으로 어떤 형의 얼굴에나 잘 어울린다.

② 직선형 눈썹

활동적이며 남성적인 느낌으로 긴 얼굴형이나 장방형의 얼굴에 적당하며 기본형보다 짧게 그린다.

③ 각진(갈매기) 눈썹

단정하고 세련된 느낌의 눈썹으로 둥근 얼굴, 삼각형 얼굴에 적당하다.

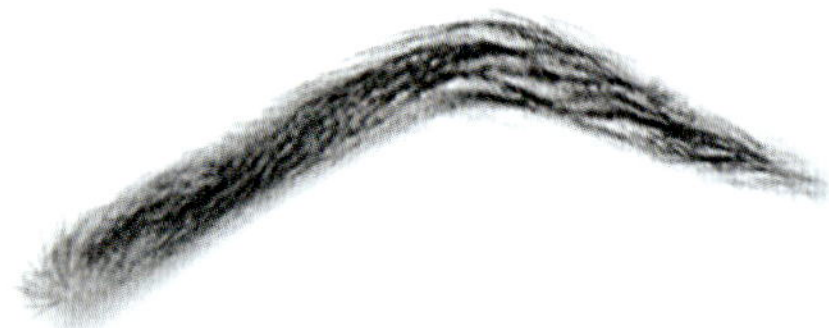

④ 아치형 눈썹

여성적이고 우아한 눈썹으로 이마가 넓은 얼굴이나 역삼각형 얼굴에 잘 어울린다.

⑤ 올라간 눈썹(화살형)

야성적이며 역동적인 눈썹으로 개성 있고 동적인 느낌으로 둥근 얼굴이나 각진 얼굴에 어울린다.

2) 아이섀도우(eye-shadow)

아이섀도우는 눈에 자연스러운 음영을 주어 입체감 있는 눈을 연출해 분다. 또한 아이섀도우 색상을 통해 눈의 단점을 커버하고 조화로운 이미지 변화와 다양한 분위기를 연출할 수 있어, 아이섀도우의 적절한 사용은 전체 이미지 전달에 큰 역할을 한다. 또한 아이섀도우는 단순히 눈의 모양뿐만 아니라 주변의 피부 색, 눈썹, 코 모양 등과의 적절한 조화가 매우 중요하므로 고도의 테크닉을 필요로 한다.

(1) 아이섀도우의 사용 목적

① 눈에 색감과 음영을 주어 눈매를 수정 보완하고 입체감을 준다.

② 자유로운 색의 조화로 다양한 분위기와 표정 있는 눈매를 연출한다.

(2) 아이섀도우의 색상 선택법

① 의상 색과 동계열 또는 조화로운 색 선택

② 계절 감각을 고려한 색 선택

③ 색의 감정을 이용한 선택

④ 눈의 형태를 고려하여 장점을 강조하고 단점을 커버할 수 있는 색상 선택

(3) 아이섀도우의 종류의 특징

① 케이크 타입(Cake type)

가장 일반적인 타입으로 색상이 매우 다양하며 혼합이 용이하나 시간이 지나면 지속력이 떨어진다.

② 크림 타입(Cream type)

유분이 함유된 타입으로서 부드럽게 잘 펴지며 밀착력이 좋다. 사진이나 TV, 무대 메이크업에 많이 이용되며 발색이 선명하고 지속력도 있으나 뭉치거나 얼룩지기 쉽다.

③ 펜슬 타입(Pencil type)

휴대가 간편하여 손쉽게 메이크업 하고자 할 때 효과적이며 사용이 간편하나, 뭉칠 우려가 있어 그라데이션이 어려우며 색상이 다양하지 않은 단점이 있다.

④ 파우더 타입(Powder type)

파티 메이크업이나 사이버(cyber) 메이크업 등의 섀도우로 많이 사용되며 주로 펄 타입으로 광택을 부여하고자 할 때 사용된다.

(4) 아이섀도우의 컬러 명칭

① 액센트 컬러(Accent color)

눈을 강조하기 위한 색으로 액센트 컬러의 색상과 사용법의 선택에 따라 이미지가 결정된다. 주로 쌍꺼풀 부위와 언더 섀도우 부분에 발라 준다.

② 섀도우 컬러(Shadow color)

눈 위에 자연스러운 음영을 주어 좁아 보이게 하거나 들어가 보이게 하고자 하는 부위에 사용해서 깊이 있는 눈매를 표현해 준다. 눈 꼬리 부분에서 시작하여 아이홀 방향으로 전체적으로 그라데이션한다.

③ 하이라이트 컬러(Highlight color)

돌출되어 보이게 하거나 넓게 보이고자 하는 부위, 두드러지게 보이고자 하는 부위에 사용된다. 하이라이트 컬러는 팽창 효과가 있어 섀도우 컬러와 조화를 이룸으로써 새로운 윤곽을 만들어 낸다.

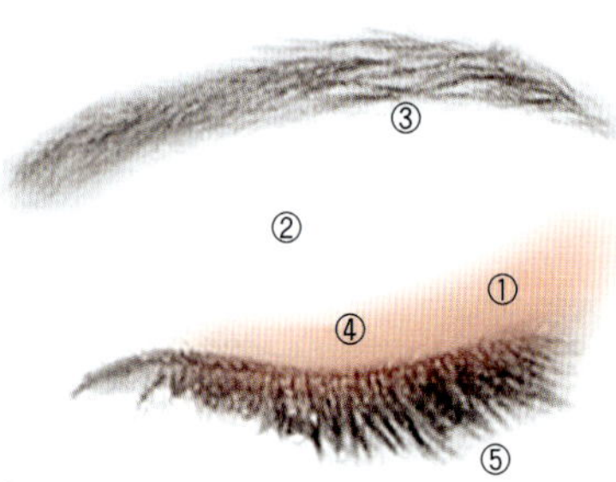

<컬러별 명칭>

④ 베이스 컬러(Base color)

눈두덩 전체에 도포하는 컬러로 눈을 떴을 때 어느 정도 보이도록 바르는 것이 일반적이며 아이섀도우의 분위기를 좌우하는 컬러이다.

⑤ 언더 컬러(Under color)

눈 밑 언더라인에 선의 느낌으로 베이스와 포인트 색상을 발라 주어 다양한 효과를 연출한다.

(5) 아이섀도우 테크닉 시 유의점

① 아이섀도우를 바르기 전 브러쉬에 섀도우를 묻혀 손등에서 색상 농도를 조절하여 확인한 다음 바른다.

② 아이섀도우를 짙게 강조하고 싶은 부위는 한꺼번에 두텁게 바르지 말고 소량을 여러 번 덧발라 원하는 색감을 표현하여 밀착력과 지속력을 높인다.

③ 아이섀도우를 연하고 부드러운 색상으로 넓은 부위에 엷게 펴 바를 때에는 넓은 브러쉬를 이용하여 바르며, 눈 앞머리나 아랫눈꺼풀, 눈꼬리 부분을 선적인 느낌으로 바를 때나 짙고 강한 색상을 바를 때는 좁은 브러쉬를 사용한다.

④ 아이섀도우 색상끼리의 경계선을 없앨 때나 눈 밑 아이섀도우가 번졌을 때, 잘못 발라 수정을 해야 할 때는 면봉을 이용하여 자연스럽게 그라데이션한다. 아이섀도우 가루가 다른 곳에 날리거나 혼합되지 않도록 주의한다.

(6) 눈 형태에 따른 아이섀도우 기법

① 알맞은 눈

의상색, 디자인, 계절, 연령에 맞춰 섀도우 컬러를 선택하고 여러 형태로 개성 있게 연출한다.

② 큰 눈

연한 색을 위주로 하여 부드럽고 자연스럽게 그라데이션하고 눈 주위에 포인트 색이 강하게 처리되지 않도록 하는 것이 좋다.

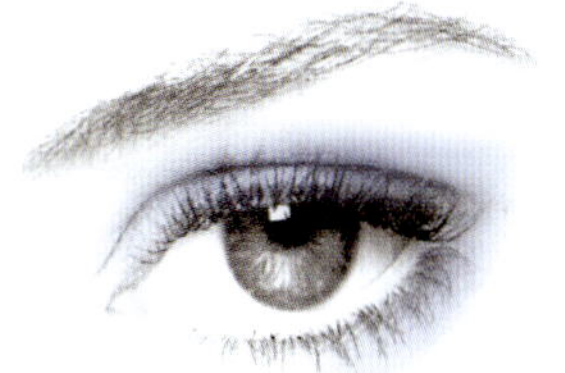

③ 작은 눈

눈 전체에 밝은 색상의 섀도우나 펄감이 풍부한 섀도우를 사용하여 확대되어 보이도록 하고, 눈 꼬리 쪽으로 짙은 색의 섀도우를 연장하여 발라줌으로써 눈 길이를 길어 보이게 한다. 언더라인 또한 눈 꼬리 쪽으로 길게 발라 준다.

④ 동그란 눈

눈 앞쪽과 꼬리 쪽을 짙게 처리하여 눈매를 길게 표현한다. 포인트 컬러로 어두운 브라운이나 그레이 계열의 섀도우를 선택하여 눈 꼬리 쪽으로 넓게 펴 바르고 언더라인 역시 눈 꼬리 쪽으로 길게 연장시킨다. 눈의 중앙 부분에 짙은 색상을 바르면 눈이 더욱 둥글게 보이므로 유의한다.

⑤ 가느다란 눈

짙은 색의 섀도우를 눈 머리와 눈 꼬리에 바르고 아이홀에는 밝은 하이라이트를 주되 가급적 넓고 둥글게 처리한다.

액센트 컬러는 눈 중앙에 두껍게 발라주고 눈 꼬리 쪽으로 갈수록 가늘게 그라데이션하고, 언더라인 또한 눈 중앙에 두껍게 발라 전체적으로 둥글게 처리한다.

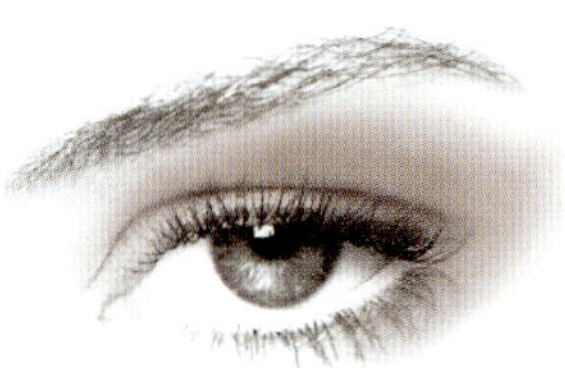

⑥ 눈두덩이 나온 눈

펄감이 없는 파스텔 브라운이나 그레이색의 섀도우를 이용하여 눈 형태에 따라 선을 긋듯 입체감 있게 그라데이션하고 눈썹뼈 부위에 강한 하이라이트를 준다.

⑦ 눈두덩이 들어간 눈

아이홀 부위에 펄감이 있는 밝은 색으로 하이라이트 효과를 주어 눈이 나와 보이게 하고, 밝은 계열의 섀도우로 포인트 처리하여 눈매를 강조한다.

⑧ 처진 눈

눈이 올라가 보이게 하기 위해 눈 앞머리에서 눈 꼬리까지 라인을 살려 주고, 포인트 컬러를 나선 방향으로 처리하면 효과적이다.

⑨ 올라간 눈

섀도우 포인트를 눈 꼬리 밑부분에 넓게 펴 발라 올라간 눈을 부드럽게 안정시킨다.

⑩ 눈과 눈 사이가 먼 눈

섀도우의 포인트를 눈 앞머리 방향으로 처리하여 눈과 눈 사이의 간격을 좁아 보이도록 하고, 눈꼬리 밑부분에 하이라이트 처리하여 시선이 눈 앞머리 부분에 머물게 한다.

⑪ 눈과 눈 사이가 가까운 눈

눈 앞머리에 밝은 색상으로 하이라이트 처리하여 눈과 눈 사이의 간격을 여유 있어 보이도록 하고, 짙은 색의 포인트 컬러를 눈 꼬리 쪽으로 그라데이션하고, 눈 밑 언더라인도 눈 꼬리 바깥쪽으로 섀도우 처리한다.

⑫ 쌍꺼풀 눈

자연스러운 색상으로 아이홀 부위까지 부드럽게 그라데이션하고 라인을 따라 섀도우 포인트를 준다.

⑬ **외겹 눈**

눈을 입체적으로 표현하기 위해 눈썹 뼈 부분에는 하이라이트를 강하게 넣어 주고, 포인트 컬러를 눈 꼬리에서 사선 방향으로 끌어올려 아이홀 부위까지 그라데이션해 준다.

3) 아이라이너(eye liner)

아이라이너는 선명하고 또렷한 눈 모양을 연출하기 위하여 사용되며, 눈을 바깥쪽으로 더 길게 연장시켜 작은 눈을 커 보이게 하고 두께를 이용하여 눈의 형태를 수정하기도 하며 처진 눈을 생기 있어 보이도록 한다.

(1) 아이라이너의 목적

① 생동감 있고 또렷한 눈매를 연출한다.

② 눈의 크기를 결정하며 눈의 형태를 수정한다.

③ 속눈썹을 길어 보이게 하여 마스카라의 효과를 상승시킬 수 있다.

(2) 아이라이너의 색상 선택

① 검정색(Black) - 가장 대중적이며 검은 눈동자에 잘 어울린다.

② 갈색(Brown) - 큰 눈 또는 인상이 강한 눈을 자연스럽게 표현할 때 사용된다.

③ 회색(Gray) - 세련된 분위기를 연출하고자 할 때 사용된다.

④ 청색(Blue) - 시원하고 차가운 느낌을 주므로 여름 메이크업에 자주 사용되며 젊고 깨끗한 이미지를 나타낼 때 사용된다.

(3) 아이라이너의 종류

① **리퀴드 타입(Liquid type)**

내수성, 방수성이 좋으며 색상이 선명하여 뚜렷하게 표현되나, 광택으로 인하여 부자연스러울 수 있으므로 사진 촬영 시 주의해야 한다.

② 펜슬 타입(Pencil type)

자연스러운 분위기 연출에 용이하며 사용이 편리하나 정교한 라인 연출이 어렵고 지속력이 떨어져 쉽게 지워지거나 잘 번지는 단점이 있다.

③ 케이크 타입(Cake type)

고형으로 물이나 스킨을 섞어서 사용하고 번들거림이 없어 자연스러우며 펜슬 타입보다 지속력이 좋아 널리 사용된다.

④ 붓펜 타입(Brush Pen type)

색상이 진하고 광택이 없어 자연스럽게 그리기에 편리하며 지속력이 좋다.

(4) 눈 모양에 따른 아이라인 테크닉

① 크고 둥근 눈

눈 앞머리와 눈 꼬리 부분에 속눈썹이 난 곳을 가늘고 자연스럽게 그려 준 뒤 눈 밑 언더라인(under line)과 눈 꼬리 부분에서 연결하여 부드럽고 자연스럽게 그려 준다.

② 가늘고 긴 눈

가늘고 수평형인 눈 형태를 커 보이도록 눈 앞머리보다 눈의 중심부를 더 강하고 두껍게 곡선으로 그려 준다. 언더라인은 펜슬 타입으로 윗라인과 자연스럽게 연결해 준다.

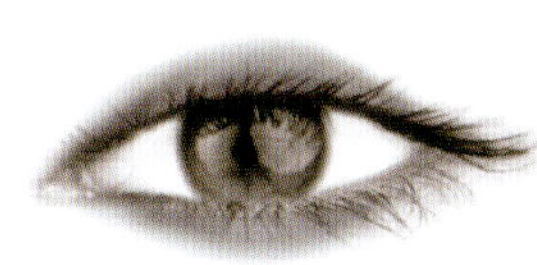

③ 눈 꼬리가 내려가는 눈

눈 꼬리 부분을 원래의 라인보다 올려 그려 주며 언더라인의 꼬리 부분은 약하게 그리되 윗라인과 만나도록 그려 준다.

④ 눈 꼬리가 올라가는 눈

언더라인 눈 꼬리 부분의 1/3을 굵게 수평으로 그려 준 뒤 윗라인의 눈 꼬리 부분을 약간 처지게 그려 언더라인과 만나도록 한다.

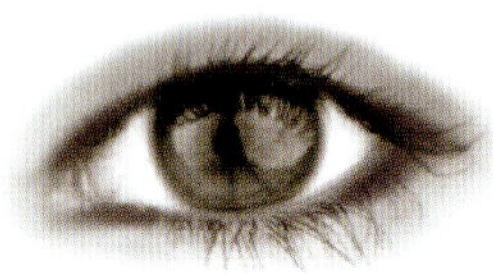

⑤ 두툼하고 부어 보이는 눈

눈 앞머리부터 눈 꼬리까지 전체적으로 라인을 그리되 눈 꼬리 부분은 굵게 강조하여 그리며 언더라인은 강조하지 않는다.

⑥ 들어간 눈

윗라인과 언더라인을 가늘고 자연스럽게 그려 주며 눈 꼬리 부분을 굵게 그리면서 끝을 약간 끌어올려 준다.

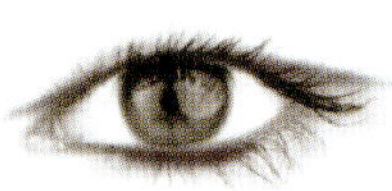

⑦ 작은 눈

윗라인과 언더라인을 수평적인 느낌이 나도록 굵게 그리되 눈 꼬리 부분에서는 원래의 길이보다 약간 길게, 언더라인과 만나지 않도록 그려 준다.

4) 마스카라(mascara)

(1) 마스카라의 목적

① 속눈썹을 길고 짙어 보이게 하여 선명한 눈매를 연출한다.

② 눈에 깊이감을 주어 풍성한 눈매를 표현한다.

③ 처진 속눈썹을 올려 눈을 커 보이게 한다.

(2) 마스카라의 형태

① 리퀴드 마스카라(Liquid mascara)

지속력과 접착성이 뛰어나며 속눈썹을 선명하게 해주는 액상타입이다.

② 볼륨 마스카라(Volume mascara)

속눈썹에 두껍게 발라 길고 풍부한 속눈썹을 만든다.

③ 롱래쉬 마스카라(Long-lash mascara)

섬유소가 들어 있어 속눈썹이 길어 보이는 동시에 숱이 많아 보이는 효과가 있다.

④ 워터프루프 마스카라(Waterproof mascara)

건조가 빠르고 내수성이 좋아 여름철에 사용하기 적합하다.

⑤ 케익 마스카라(Cake mascara)

물이나 스킨 등을 섞어 나선붓으로 찍어 사용하며, 사용하기 쉽고 지속성도 있으나 눈물 등 물기에 의해 쉽게 번지며 눈을 자극하는 결점이 있다.

⑥ 투명 마스카라

젤리 타입으로 남성 메이크업 시 눈썹을 빗어 결을 정리해 주거나 눈썹을 올려 줄 때 사용한다.

(3) 마스카라 사용법

① 아이래쉬 컬러(eyelash curler)를 사용하여 컬링한다.

② 위에서 아랫방향으로 쓸어내리듯 발라 준다.

③ 눈을 크게 뜨게 한 후 아래부터 지그재그 방향으로 위로 컬링한다.

④ 아랫속눈썹은 브러쉬를 세로로 세워 끝 부분을 가볍게 발라준다.

⑤ 마스카라액이 건조된 후 액이 묻지 않은 마스카라인 브러쉬로 한 번 더 빗어 속눈썹이 엉키지 않도록 깔끔하게 처리한다.

<마스카라의 여러 종류>

3 립 메이크업

입술은 얼굴의 다른 부위에 비해 동적이며 얼굴 전체의 포인트 역할을 한다. 따라서 움직임이 많은 부위인 입술 화장 시에는 입술의 선을 살려 주고 입술에 색감을 주어 얼굴 전체를 생동감 있게 표현해 준다.

(1) 립 메이크업의 목적

① 입술 모양을 수정한다.
② 색상을 이용하여 포인트를 강조한다.
③ 입술을 보호하며 영양을 공급한다.

(2) 립 메이크업 제품의 종류

① 립스틱(Lip stick)

다양하고 대중적인 제품으로 사용하기 편리하고 색상이 다양하다.

② 립 라이너 펜슬(Lip liner pencil)

펜슬 형태로 입술의 윤곽 표현이나 형태 수정 시 사용하며 지속력이 강하고 입술 선을 번짐 없이 선명하게 해 준다.

③ 립 글로스(Lip gloss)

입술에 윤기를 주어 입술이 건조해지는 것을 방지하며 입술을 보호한다.

④ 립 크림(Lip cream)

글로스와 같은 형태로 입술 보호를 위해 주로 사용한다.

(3) 색상 선택법

① 피부 색에 따른 선택법

• 흰 피부

깨끗해 보이는 피부 타입이지만 자칫하면 창백해 보일 수 있다. 따라서 붉은 기가 가미된 색인 핑크 계열, 퍼플 계열, 레드 계열의 색을 사용한다.

• 핑크 톤 피부

혈색이 도는 흰 피부로 립스틱의 구애를 받지 않는다. 푸른 기가 도는 와인, 퍼플 계열의 색을 사용한다.

• 황색 피부

노란 기운이 많은 피부로 브라운, 레드, 오렌지 계열의 색이 잘 어울린다.

• 황갈색 피부

짙은 갈색 피부로 브라운, 레드 계열의 색이 잘 어울린다.

② 연령에 따른 색상 선택법

• 젊은층

연하고 밝은 핑크, 오렌지나 선명한 레드도 잘 어울린다. 유행에 따라 립 글로스나 펄이 가미된 색을 사용해도 된다.

• 중년층

고상한 이미지 연출을 위해 펄이 가미된 제품보다는 매트한 느낌의 차분하고 온화한 느낌의 색을 사용한다. 레드가 가미된 핑크 톤, 브라운 등이 어울린다.

③ 입술형에 따른 색상 선택법

• 입술이 큰 경우

짙은 색을 사용하여 입술이 수축해 보이도록 한다. 펄 제품은 피하는 것이 좋다.

• 입술이 작은 경우

연한 색이나 펄이 가미된 색을 사용하여 입술이 확장되어 보이도록 한다.

④ 입술 색에 따른 색상 선택법

• 입술 색이 짙은 경우

엷게 칠하면 본래의 입술색이 나타나므로 선명하고 짙은 색을 사용한다.

• 입술 색이 옅은 경우

파스텔 계열의 색을 사용한다.

(4) 립 메이크업(Lip Make-up)의 방법

① 파운데이션과 표백 분으로 본래의 입술 색과 입술 라인을 커버한다.
② 그리고자 하는 입술형을 선택하여 립 브러쉬나 립 라이너로 윤곽을 그린다.
③ 선택한 립스틱 색상으로 입술 전체에 칠한다.
④ 티슈를 사용하여 가볍게 립스틱의 유분기를 제거한다.
⑤ 파우더로 입술 전체를 고정시킨다.
⑥ 입술 윤곽을 고려하여 색상을 선택하고 다시 립스틱을 덧발라 준다.
⑦ 립 글로스로 마무리한다.

(5) 입술 라인에 따른 이미지

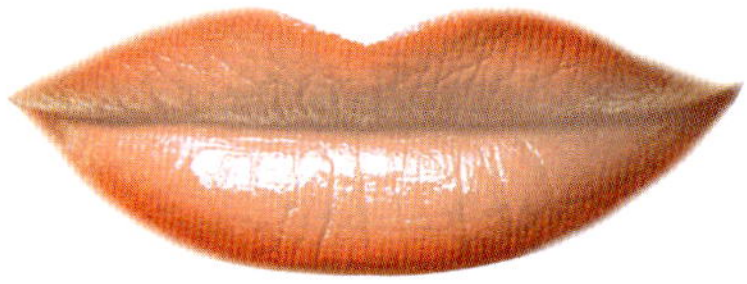

① 아웃 커브(Out curve)

세련되고 섹시한 이미지의 입술이다. 본래의 입술 라인보다 다소 넓은 듯 둥글게 그려야 볼륨감 있는 입술이 된다. 윗입술의 산과 산 사이를 약간 벌어진 상태로 자연스럽게 그리고 아랫입술은 둥글고 도톰하게 그려 줌으로써 넓은 하관이 시각적으로 줄어들어 보이게 한다.

② 스트레이트 커브(Straight curve)

활동적이며 이지적인 느낌으로 입술 라인을 살려 각이 직선이 되도록 그리고 입술 산도 직선적으로 그린다. 아랫입술을 길고 갸름하게 그리면 단정한 느낌을 줄 수 있다.

③ 인 커브(In curve)

귀엽고 사랑스러운 이미지의 입술 라인이다. 입 꼬리 부분을 안쪽을 향해 가늘게 그리면 부드럽고 여성스러운 분위기가 돋보이고, 구각을 올려 그리면 청순한 이미지가 된다.

(6) 입술형에 따른 시술법

① 두꺼운 입술

파운데이션으로 모델의 입술 라인을 메우고 립 펜슬로 본래의 입술 라인보다 작게 안쪽으로 그리고 짙은 계열의 립스틱을 칠하여 입술이 작아 보이도록 한다.

② 얇은 입술

본래의 입술 라인보다 볼륨감 있게 밖으로 늘여서 전체적으로 둥글고 풍만하게 보이도록 한다. 펄이 있는 색상이나 따뜻하게 보이는 립스틱을 발라 준다.

③ 긴 입술

본래의 입술보다 구각 쪽을 줄여서 그려 준다.

④ 짧은 입술

본래의 입술보다 길이를 1~2mm 길게 그리고 밝은 색상을 선택하며 펄이 있는 립스틱이나 립 글로스를 사용하여 입술을 표현한다.

⑤ 돌출된 입술

립 라이너로 라인을 그린 후 레드 계열, 퍼플 계열 등 수축되고 후퇴되어 보이는 색상을 선택하여 바른다.

⑥ 구각이 처진 입술

구각이 처진 입술은 우울해 보이고 나이가 들어 보이므로 입술 구각 부분을 올려서 그려 준다.

⑦ 윗입술이 두꺼운 입술

본래의 윗입술보다 작게 그리고 아랫입술은 늘여서 그리며, 윗입술은 아랫입술보다 약간 짙은 색상으로 표현하고 아랫입술에 하이라이트를 주어 볼륨감 있게 처리한다.

⑧ 주름이 많은 입술

주름 사이로 립스틱이 번질 염려가 있으니 립 펜슬로 라인을 선명하게 그린 후 유분기가 적은 립스틱을 바르는 것이 좋다.

4 치크 메이크업

치크 메이크업 제품은 사용 색상에 따라 메이크업의 분위기를 개성 있게 변화시킬 수 있으므로, 피부색이나 표현하고자 하는 메이크업의 이미지를 고려하여 선택하도록 한다.

(1) 치크 메이크업의 목적

① 피부에 혈색을 주어 생기를 부여한다.

② 밋밋한 윤곽에 음영을 준다.

③ 눈과 입술을 자연스럽게 조화시켜 준다.

(2) 형태별 분류

① 케이크 타입 (Cake type)

일반적으로 널리 사용되는 타입이며 색감 표현이 용이하고 자연스러워 윤곽 수정용으로 사용된다.

② 크림 타입 (Cream type)

파운데이션을 바른 후 파우더를 바르기 전에 사용하며 스펀지나 손을 이용하여 그라데이션한다.

(3) 색상 선택

색상	색상에 따른 이미지
핑크 계열	피부에 혈색이 도는 귀여운 이미지
오렌지 계열	건강하고 활동적인 이미지
로즈 계열	여성스럽고 사랑스러운 이미지
브라운 계열	현대적이고 지적이며 성숙한 이미지

(4) 치크(Cheek) 메이크업의 방법

① 치크 메이크업은 가장 진한 부분에서부터 자연스럽게 칠하여 경계선이 생기지 않도록 한다.

② 치크 브러쉬에 원하는 색을 묻혀 손등에서 미리 색상을 조절하여 색감을 연출한다.

③ 볼에 색을 칠한 뒤에는 분첩 등으로 경계를 없애도록 한다.

(5) 치크의 위치에 따른 이미지

① 여성적인 이미지

볼 뼈를 중심으로 눈 주위와 관자놀이 쪽으로 옅게 펴 바른다.

② 지적인 이미지

볼 뼈 위는 밝은 색으로 하이라이트를 주고 그 밑은 약간 어두운 컬러로 섀도우를 준다.

③ 활동적인 이미지

볼 뼈의 약간 아랫부분에 주황색 계열의 짙은 컬러로 선적인 이미지를 살려 나타낸다.

④ 귀여운 이미지

눈 밑의 뺨 부분에 둥근 느낌이 나도록 바른다.

(6) 얼굴형에 따른 치크 위치

① 둥근형

둥근 얼굴을 갸름해 보이도록 하는 방법으로 광대뼈 아래부터 입 꼬리를 향해 약간 사선으로 넣는다.

② 사각형

볼 터치를 약간 폭넓게 하고 각이 진 턱 끝을 향해 각진 부분이 두드러지지 않도록 음영을 준다.

③ **긴 형**

볼 뼈를 중심으로 콧망울과 구각을 향하여 가로의 느낌으로 바른다.

④ **역삼각형**

볼 터치는 보통의 위치보다 조금 위에서부터 코끝을 향해 부드럽게 펴 바른다. 이때 좁은 턱선을 강조하지 않도록 주의한다.

V 메이크업 디자인

뷰티 메이크업 7

1) 내추럴 메이크업(natural make-up)

인위적인 메이크업보다 부드러운 이미지를 나타내는 자연스러운 메이크업으로 피부 톤, 윤곽, 결점 등을 완벽하게 커버하지 않는 메이크업 스타일이다.

① 피부

피부 색과 비슷한 리퀴드 파운데이션을 사용하여 두껍지 않게 표현하고, 컨실러를 이용하여 피부의 잡티를 커버한 후 투명 파우더를 이용하여 깨끗하게 마무리한다.

② 눈썹

모델의 눈썹 모양을 최대한 고려하여 에보니 펜슬로 형태를 잡고, 브라운 섀도우와 회색 섀도우를 섞어 눈썹 산에서부터 꼬리 쪽으로 가볍게 터치하고, 붓에 남은 여분의 섀도우를 이용하여 눈썹 머리 쪽을 터치한다.

부위 \ 종류	핑크(pink)	오렌지(orange)	브라운(brown)
③ **눈**	하이라이트 : 화이트 + 아이보리 베이스 : 연한 핑크색 메인, 포인트 : 핑크색	하이라이트 : 아이보리 베이스 : 연노란색, 연오렌지 메인, 포인트 : 오렌지	하이라이트 : 아이보리 베이스 : 연오렌지, 연브라운 메인, 포인트 : 브라운
④ **아이라인**	짙은 갈색의 펜슬 타입 라이너를 이용하여 속눈썹 사이사이를 메우면서 그려 주고, 짙은 갈색과 검정색의 케이크 타입 라이너를 혼합하여 모델의 아이라인을 따라 자연스럽게 그려준 후 마스카라를 발라 준다.		
⑤ **볼**	볼을 감싸듯이 터치한 후 분첩을 가볍게 눌러 준다.		
	색상 : 핑크색	색상 : 연오렌지	색상 : 연살구, 연브라운
⑥ **입술**	봄이면 사랑 받는 발랄하고 귀여운 핑크 컬러는 부드럽고 화사한 색상으로 상냥한 분위기를 만든다. 입술 라인을 또렷하게 표현하기보다는 전체적인 컬러 포인트를 살려 준다. 핑크색 + 립 글로스	한듯 안 한듯 투명 메이크업에 자연스러움을 한층 살려 주는 오렌지 컬러로 가장 많은 인기를 얻고 있다. 젊고 청순함을 상징하는 오렌지 컬러는 가장 쉽게 바를 수 있어 부담스럽지 않다. 밋밋하게 보인다면 펄이 들어간 핑크오렌지로 화사하고 지적인 입술을 만든다. 오렌지색 + 립 글로스	차분한 인상을 주는 브라운 계열은 자신감이 넘치는 이미지를 만들어 자연스럽게 설득력을 준다. 피부 색이 어두운 편이라면 브라운과 카멜 브라운을 호합하여 사용하면 모던해 보인다. 연한 브라운, 연살구 + 립 글로스

⑦ 마무리

윤곽 수정은 더블 콤팩트를 이용하여 가볍게 표현하다.

2) 계절 메이크업

(1) 봄 메이크업(spring make-up)

봄의 이미지는 생명이 지닌 생동감, 발랄함 등에 있으며 화사하고 소프트하게 표현한다. 봄 메이크업은 촉촉한 느낌의 자연스런 면을 강조하도록 하고 색감을 강조하지 않은 밝고 산뜻한 표현이 되도록 한다.

봄을 표현하는 이미지 컬러는 그린, 옐로우, 핑크 계열이다. 고명도 저채도의 유사색 대비나 부드러운 보색 대비(핑크, 그린 톤 가미)를 이용한다.

① 피부

모델의 피부와 같은 톤의 리퀴드 타입의 파운데이션으로 무겁지 않고 촉촉하게 표현하고, 강한 입체감이 표현되는 수정 메이크업은 자제하도록 한다. 투명 파우더를 이용하여 투명한 피부를 연출한다.

② 눈

눈썹은 상승형 혹은 약간 각이 있는 기본형으로 생동감 있게 그려 주고 아이섀도우는 가로 터치해 준다. 리퀴드 아이라이너를 사용하여 섬세하고 약간 길게 표현하며 눈 꼬리를 약 3mm 정도 올려 그려 준다. 투명 마스카라로 깔끔한 눈매를 연출한다. 인조 속눈썹은 사용하지 않아도 무방하나 사용할 경우 속눈썹의 반만 끝 쪽에 붙여 주도록 한다.

③ 입술

파스텔 톤으로 연하고 밝게 칠해 주며 립 글로스를 사용해 촉촉하게 표현해 준다. 입술 산이 각지지 않도록 곡선형 태로 그려 준다.

④ 볼

볼은 곡선형 터치로 열고 자연스럽게 표현해 준다.

(2) 여름 메이크업(summer make-up)

여름은 건강함과 활동성, 강렬함과 정열, 뜨거움과 시원함을 동시에 의미하므로 여름 메이크업은 동적인 이미지로 표현한다. 땀이나 물에 의해 화장이 쉽게 지워지는 계절이므로 가볍고 투명하게 메이크업을 한다. 방수 효과가 있는 제품과 자외선으로부터의 피부 보호를 위해 팬 케이크, 트윈 케이크를 사용하고, 눈이나 입술에 포인트를 둔 원 포인트 메이크업으로 블루, 오렌지, 화이트, 레드 계열을 사용한다.

① 피부

가볍고 투명한 메이크업을 위해서 자외선 차단 기능이 있는 흰색이나나 젤 타입의 산뜻한 느낌을 주는 메이크업 베이스를 부분적으로 선별하여 얇게 펴 바른다. 리퀴드 파운데이션을 얇게 펴 발라 가벼운 느낌의 피부 표현을 하거나 피부 톤보다 한 톤 어두운 다갈색 계열의 리퀴드 파운데이션으로 햇볕에 그을린 듯한 피부를 연출하고 펄이 가미된 오렌지 톤의 파우더를 사용한다.

② 눈

펜슬을 사용하여 상승형의 눈썹으로 그려 생동감을 주고 눈 한 부분에만 포인트를 주며 뚜렷하게 표현한다. 땀에 번지지 않도록 워터 프루프 마스카라와 아이라이너를 사용한다.

③ 입술

스트레이트 커브의 선명한 레드 계열로 포인트를 주거나 채도가 낮은 핑크나 누드 계열의 색상을 사용하고 펄을 이용하여 섹시미를 연출한다.

④ 볼

볼 터치가 짙으면 여름에는 더워 보이므로 생략하거나 음영 정도만 터치해 준다.

(3) 가을 메이크업(autumn make-up)

가을은 풍요로움, 깊이감, 무게감, 안정감을 주는 이미지로 차분하고 지적이며 사색적인 이미지로 연출한다.

브라운 톤, 다크 옐로우, 다크 오렌지, 골드, 카키 등의 색상으로 표현하며 라인을 강조한 격식 있는 메이크업이 되도록 한다.

① 피부

컨실러를 이용하여 피부의 결점을 커버하고, 건조해지기 쉬운 계절이므로 유분과 수분의 밸런스를 맞춘 크림 파운데이션과 베이지 계열의 파우더를 사용하여 깨끗하고 정돈된 피부로 연출한다.

② **눈**

케이크 타입의 브라운 계열 섀도우를 사용하여 아치형이나 기본형으로 그려 준다. 아이섀도우는 다색을 사용하여 가을의 풍성함을 나타내며 그라데이션 기법을 이용해 표정이 풍부한 눈매를 연출한다.

검정 리퀴드 아이라이너로 가늘고 길게 그려 정적인 분위기를 연출하며 검정 마스카라와 인조 속눈썹을 이용하여 풍성한 눈매로 표현한다.

③ **입술**

브라운 계열의 립 라이너를 사용하여 입술의 형태를 만들고 진한 적색의 립스틱으로 볼륨감 있게 표현한다.

④ **볼**

오렌지 계열이나 옅은 브라운 계열의 따뜻한 느낌을 주는 색상으로 광대뼈를 감싸듯이 바른다.

(4) 겨울 메이크업(winter make-up)

겨울 이미지는 차가움, 서늘함, 냉소적임, 공허함을 의미하며, 겨울 메이크업은 추운 날씨와 대조적으로 따뜻한 표현을 염두에 두어 따뜻하고 여성적이며 심플한 이미지로 연출한다. 짙은 의상 색을 고려하여 피부는 밝게 표현하고 입체감을 강조한다. 다크 브라운, 레드, 와인 등의 색상을 사용한다.

① 피부

밝고 화사한 분위기 연출을 위해 보라색 메이크업 베이스를 바르고 컨실러로 결점을 보완하며 피부 색보다 한 단계 밝은 크림 파운데이션과 핑크 파우더로 피부를 깨끗하고 화사하게 표현한다.

② 눈

브라운과 회색 펜슬을 이용하여 눈썹을 그린 후 브라운 계열의 섀도우를 사용하여 자연스러운 터치로 마무리해 준다.

섀도우는 브라운으로 펴 바르고 와인색으로 포인트를 주거나 펄이 섞인 은회색이나 화이트를 눈두덩 전체에 바르고 쌍꺼풀 라인 안쪽에 진한 적색을 바른다. 아이라인은 검은색 펜슬이나 케이크 타입으로 눈매를 진하고 또렷하게 그려 준다.

③ 입술

입체감과 색감을 이용한 볼륨감 있는 입술로 연출하여 또렷한 립 메이크업이 되도록 한다. 브라운과 레드 계열의 색상을 혼합하여 사용하도록 한다.

④ 볼

브라운이나 적자색을 광대뼈 부분에 발라 따뜻한 느낌을 준다.

이미지 메이크업 2

1) 클리어 메이크업(clear make-up)

상쾌, 순수, 청결, 산뜻함의 의미로 메이크업에서는 맑고 투명하고 깨끗한 이미지를 나타내며 주로 사용하는 톤은 페일(pale-연한), 라이트(light-밝은)이다.

최소한의 메이크업으로 최소한의 테크닉을 구사하는 것으로 더 밝고, 건강하게 보이도록 외양을 향상시켜 화장 안한 본래의 모습에 가깝게 인위적인 느낌이 없도록 자연스럽게 연출한다.

(1) 피부 표현

원래의 피부 톤을 살리기 위해 피부 색과 유사한 리퀴드 파운데이션을 소량씩 두드리며 펴 발라 주고, 다크 서클, 주근깨, 잡티 등은 소량의 컨실러를 이용하여 커버하고, 이마, 콧등, 눈 밑에 약간의 하이라이트를 주어 과장되지 않는 입체감을 준다.

파운데이션과 같은 톤의 파우더나 투명 파우더를 이용하여 얼굴의 유분기를 제거한다.

(2) 눈썹

자신의 눈썹 모양을 살리면서 기본형에 가까운 형태를 그려 주는데, 빈 곳만 메워주거나 한올 한올 심듯이 눈썹 모양을 만든 다음, 갈색이나 회색 섀도우를 이용하여 눈썹 꼬리까지 자연스럽게 마무리한다.

(3) 눈

아이보리 컬러의 섀도우를 눈두덩 전체에 펴 바른 후 아이보리와 화이트 컬러를 섞어 눈 뼈 부위에 한 번 더 발라줌으로써 눈에 입체감을 더해 준다.

연한 살구색 섀도우를 아이홀 부위까지 그라데이션 시켜준 뒤 연한 갈색으로 아이라인을 따라 포인트 처리해 준다.

(4) 볼

살구색이나 연한 베이지 색을 볼 주위에 발라 준다.

(5) 입술

입술 형태를 지나치게 수정하지 말고 입술 색에 가까운 누드 오렌지색의 립 라이너로 형태를 그린 뒤 베이지색이나 살구색을 입술 모양에 맞춰 발라 준 다음 립 글로스를 덧바른다.

2) 프리티 메이크업(pretty make-up)

10대들의 화장품 광고, 패션 등에 많이 사용되는 메이크업으로 밝고 달콤하며 귀여운 이미지를 나타내며, 밝은 색상으로 라이트(light), 브라이트(bright) 톤이 주로 사용된다.

(1) 피부 표현

10대의 상큼한 피부 색을 표현하기 위해 핑크 톤의 파운데이션을 사용한다. 소량의 컨실러로 잡티를 커버한 후 윤곽 수정을 해 준다. 마무리로 약간의 화사함을 더하기 위해 핑크 파우더를 바른 뒤 팬 브러쉬를 이용하여 펄 가루를 가볍게 얼굴에 뿌리듯이 발라준다.

<보브 광고>

(2) 눈썹

모델의 얼굴형을 감안하여 기본 눈썹형에 맞추어 자연스럽게 표현하고, 부드러운 느낌이 들도록 브라운 아이섀도우를 이용하여 마무리해 준다.

(3) 눈

흰색 펄 아이섀도우를 눈두덩 전체에 펴 바른 후 연한 살구색이나 핑크색의 섀도우를 아이홀 부위까지 가볍게 발라 준다. 은색 펄,흰색 펄 등을 사용하여 아이라인을 따라 포인트 처리해 준다.

언더 섀도우는 흰색 펄 섀도우를 이용하여 눈 앞머리를 강하게 표현하여 눈 뒷쪽으로 그라데이션 시켜주고 눈 꼬리 부위에는 펄 제품을 사용하여 포인트를 넣어 준다. 아이라인은 브라운 케이크 타입 아이라이너를 사용하여 눈동자 부위를 두껍게 표현한다.

(4) 볼

살구색, 핑크, 오렌지색 등을 이용하여 볼 주위에 동그랗게 넣어 준다.

(5) 입술

누드 오렌지나 누드 베이지색의 라이너를 이용하여 본래의 입술 모양에 가깝게 그려 주고, 립 글로스와 핑크, 살구, 오렌지색 등의 립스틱을 적당하게 섞어 발라 준다. 입술 포인트로 크리스탈 펄을 아랫입술 중앙에 덧발라준다.

3) 스포티 메이크업(sporty make-up)

밝고 활달한 행동의 의미로 메이크업에서는 건강하고 경쾌하며 섹시한 건강미를 나타낸다. 주로 비비드(vivid-선명한) 톤을 사용하여 활동적인 이미지를 표현해 낸다.

그러나 최근 들어 메이크업 제품을 이용한 피부의 질감 표현을 통해 건강미를 표현하고 있는데, 이는 보는 이로 하여금 생동감 넘치는 피부를 느끼게 한다.

계절에 따라 조금씩의 차이는 있으나 은색이나 흰색 또는 금색 펄이나 브론즈 펄이 가미된 파운데이션을 사용하여 표현한다.

- 흰색, 은색 펄이 가미된 파운데이션 사용시 : 섀도우, 립스틱 – 핑크 계열
- 금색, 브론즈 펄이 가미된 파운데이션 사용시 : 섀도우, 립스틱 – 브라운 계열

(1) 피부 표현

펄이 가미된 틴트 타입의 메이크업 베이스를 바른 뒤 펄 파운데이션을 거칠게 펴 바른다. 너무 정교하고 곱게 바르면 피부에 펄 입자가 흡수되어 펄 감이 둔하게 되므로 주의한다.

파우더는 투명 파우더에 펄 가루를 섞어 표현하는데, 마지막 메이크업 단계에서 브러쉬를 이용하여 전체적으로 가볍게 터치한다.

(2) 눈썹

모델의 눈썹에 약간의 교정을 보는 식으로 처리하고 눈썹 숱이 적은 경우에는 최대한 자연스럽게 그려 준다.

(3) 눈

크림 타입의 섀도우를 손가락을 이용하여 아이홀 부위까지 가볍게 그라데이션 시킨다. 크림 타입은 얼룩이 생기기 쉬우므로 주의해야 한다.

케이크 타입의 아이라이너를 이용하여 속눈썹 사이사이를 채우듯이 그려준다. 마스카라 처리 후 모델의 눈 길이와 눈썹 길이를 감안하여 속눈썹을 한올 한올 심어 준다

(4) 볼

크림 타입의 블러셔 제품을 광대뼈 주위에 펴 발라 준다. 크림 블러셔 제품이 없을 경우 크림 섀도우를 이용하여도 무난하다.

(5) 입술

섀도우 컬러에 맞추어 핑크색이나 브라운색을 발라 주고 그 위에 펄이 가미된 립 글로스를 덧발라 표현한다.

(6) 마무리

파우더와 섞었던 펄 가루를 팬 브러쉬에 묻혀 윤곽 부위에 한 번 더 터치하여 얼굴에 입체감을 더한다. 예를 들어 이마, 광대뼈, 콧대, 턱 부위 등의 입체감 표현에 중점을 둔다.

4) 로맨틱 메이크업(romantic make-up)

로맨틱 이미지는 사랑스럽고 귀여우며 달콤하고 아름다운 여성의 이미지를 나타낸다. 전체적인 색상은 가볍고 부드러운 느낌의 핑크, 옐로우, 퍼플 계열의 페일 톤, 라이트 톤, 브라이트 톤을 중심으로 배색을 하면 효과적이다.

(1) 피부 표현

핑크 톤이 가미된 파운데이션과 파우더로 밝고 화사하게 표현한다.

(2) 눈썹

부드러운 곡선을 그려 주되 진해지지 않도록 주의하며 브라운색 섀도우로 색감을 표현해 준다. 보라색 섀도우로 눈썹 산 부위에 포인트를 넣어 준다.

(3) 눈

화이트 섀도우와 펄 섀도우를 섞어 눈썹 뼈 밑을 먼저 강조하여 하이라이트를 넣어 준 뒤 눈두덩 전체에 하이라이트 처리해 준다.

연한 핑크 섀도우를 아이홀 부위까지 펴 바르고 눈 꼬리를 중심으로 보라 계열로 포인트를 넣어 부드럽게 그라데이션 시킨다. 샤이닝한 펄 섀도우를 사용하면 환상적인 신비감이 더해진다.

(4) 볼

산호색이나 핑크 계열의 색으로 볼을 감싸듯이 부드럽게 발라 준다. 펄 블러셔를 이용하면 약간 상기된 듯한 수줍은 소녀의 느낌을 표현할 수 있다.

(5) 입술

핑크 계열의 립스틱을 바르고 입술 중앙에 하이라이트 컬러를 넣어 준 뒤 펄이 가미된 립 글로스를 전체적으로 발라 준다.

5) 고저스 메이크업(gorgeous make-up)

호화스럽고 사치스러우며 화려한 고급스러움의 의미로, 메이크업에서는 선명하고 깊이 있는 톤을 사용한 색상 배색으로 화려하면서도 중후함이 있고 약간은 도도한 이미지를 나타낸다. 색상은 레드, 오렌지, 옐로우의 색상을 중심으로 짙고 어두운 색조로 고풍스럽고 중후함이 살아나는 딥(deep), 다크(dark) 톤이 주를 이룬다.

(1) 피부 표현

크림 파운데이션을 사용하여 단계적으로 입체감 있게 표현하고 골드펄 이 들어간 파우더로 마무리한다.

(2) 눈썹

아치형으로 또렷하게 그려 주되 숱을 풍성하게 표현해 준다.

(3) 눈

아이보리 섀도우로 눈두덩 전체에 하이라이트를 넣어 준다. 아이홀 부위까지 브라운 섀도우를 펴 바른 뒤 눈 꼬리 부분에 와인색과 브라운 섀도우로 포인트 처리해 준다.

(4) 볼

펄이 가미된 브라운색의 블러셔를 이용하여 관자놀이에서부터 광대뼈 부위까지 부드럽게 감싸듯이 펴 바른다.

(5) 입술

립스틱 색보다 한 톤 어두운 색상의 립 라이너를 이용하여 입술 선을 디자인한 후 초코 브라운색으로 부드럽게 바른다.

6) 매니쉬 메이크업(manish make-up)

매니쉬는 '남자와 같은 여성' 이란 의미를 갖는 말이다.

여성 의상 디자인에서 꾸준한 생명력을 갖는 패션 주제로 과거에는 여성도 남성 복장을 함으로써 남성적 우월감을 감소시키고 남녀 평등을 주장하려 하였으나, 현대의 매니쉬 감성은 품위와 격조의 상징으로 중후한 멋을 즐기려는 의도에서 비롯됨에 따라 남성 신사복의 디자인을 모방한 여성복을 즐겨 착용하게 되었다.

비교적 강하고 경직된 듯한 메이크업 패턴으로 색상은 남성적인 이미지 부각을 위해 무채색과 짙은 계열, 네이비 계열, 그레이쉬 톤, 딥 톤을 주로 사용한다.

(1) 피부 표현

모델의 피부 톤에 맞추어 자연스럽게 표현하고 투명 파우더로 가볍게 눌러 투명감이 느껴지도록 표현한다.

(2) 눈썹

남성적인 이미지를 살리기 위해서 직선적인 느낌의 눈썹이나 각진 눈썹을 그려주되 조금 강하게 표현한다.

(3) 눈

눈두덩 전체에 아이보리색 아이섀도우로 하이라이트 처리한 후 눈썹 뼈 밑 부위에 흰색 섀도우를 이용하여 입체감을 한 번 더 준다.

엷은 갈색이나 회색으로 베이스를 깔아준 뒤 아이라인을 따라 진한 색으로 포인트를 좀더 넣어 준다.

언더 섀도우 역시 윗부분의 섀도우와 연결하여 언더라인을 따라 강하게 표현한다. 언더라인 안쪽에는 화이트 펜슬로 포인트를 잡아 준다.

(4) 볼

생동감이 느껴지도록 윤곽을 강하게 처리하기 위해 브라운 계열 색상을 이용하여 음영을 넣어 준다.

(5) 입술

누드 베이지, 누드 오렌지 컬러로 매트하게 연출한다.

7) 글래머러스 메이크업(glammerous make-up)

성적으로 매력 있고 요염하며 섹시하고 원숙한 이미지로 메이크업에서는 관능적이고 섹시한 이미지를 나타낸다.

(1) 피부 표현

입체감 있는 얼굴 표현을 위해 피부 톤에 맞는 파운데이션을 꼼꼼히 펴 바른 다음, 한 단계 밝은 색상을 이마, 코, 턱, 눈 밑에 얇게 펴 발라 하이라이트를 준다. 투명 베이지 파우더로 마무리한다.

(2) 눈썹

눈썹은 아이섀도의 음영이 최대한 느껴지도록 얇게 정리한 뒤 헤어 컬러와 같은 톤의 색상으로 눈썹을 심은 듯 한올한올 그려준다.

(3) 눈

펄 화이트를 눈두덩 전체에 펴 발라 준 다음 아이홀 부분을 라일락으로 그라데이션 하는데, 눈의 라인에 가까이 갈수록 좀더 진하게 터치해 준다.

다크 퍼플로 라인에 가깝게 선을 그리듯 발라 주고 펄 퍼플을 눈 꼬리 부분과 눈 아랫라인에 발라 주어 눈매를 화려하게 마무리해 준다.

아이라인은 평소보다 길게 그려 주고 마무리 선은 다소 얇게 끝을 살짝 올려 그려 주어 표정 있는 눈매를 만든다. 마스카라를 이용해 속눈썹이 처지지 않도록 풍부하고 볼륨감 있게 연출해 준 뒤 인조 속눈썹을 붙여 세련된 눈매를 연출한다.

(4) 볼

연산호, 핑크색의 블러셔를 이용해 얼굴에 입체감을 준다.

이때 둥근 느낌보다는 사선의 느낌이 나도록 볼 주위에 터치해 주어 섹시한 여성미를 풍기는 것도 매력적이다.

(5) 입술

입술 라인을 약간 도톰하게 그려 준 다음 레드, 와인색을 바르고 입술 중앙에 립 글로스를 발라 윤기를 더한다.

8) 엘레강스 메이크업(elegance make-up)

엘레강스는 우아하고 품위 있는 이미지로 가장 여성스러운 인체 곡선의 실루엣을 살려 성숙하고 고상한 이미지를 강조한 스타일이다.

엘레강스 메이크업은 흐트러짐 없고 기품 있는 고급스러움을 표현하기 위해 차분한 톤의 주조색과 약간 어두운 톤의 보조색으로 배색한다. 색상은 여성스럽고 성숙한 이미지를 줄 수 있는 퍼플, 와인, 회색기의 보라, 베이지색을 주로 사용하고, 색조는 라이트 톤, 소프트 톤이 주를 이룬다.

(1) 피부 표현

차분한 느낌의 밝고 화사한 피부를 표현해 주고 핑크, 보라색의 파우더로 마무리해 준다.

(2) 눈썹

우아한 분위기의 연출을 위해 갈색과 회색을 혼합하여 부드러운 아치형 눈썹으로 그려 준다.

(3) 눈

눈두덩 전체에 아이보리 컬러로 하이라이트를 넣어 준 뒤 그레이 컬러 섀도우에 연보라 섀도우를 섞어 아이홀 부위까지 그라데이션 시킨다.

포인트는 눈 꼬리 부위에 퍼플, 와인, 로즈 브라운 등의 색으로 너무 강하지 않게 넣어 주고 자연스럽게 그라데이션 시킨다.

(4) 볼

브라운, 살구, 핑크, 연한 와인색 등으로 관자놀이에서부터 볼 뼈를 향해서 사선 느낌으로 표현해 준다.

(5) 입술

여성스러움을 강조하기 위해 레드 계열이나 와인 계열로 또렷하게 발라 주고 분위기에 맞추어 립 글로스를 덧발라 준다.

3 테마 메이크업

1) 한복 메이크업

우리 고유의 의상인 한복은 선의 아름다움을 강조하는 의상이기 때문에, 메이크업 역시 여성스럽고 화려한 이미지를 최대한 살려서 선을 섬세하게 표현하고 부드러운 곡선과 색상에 조화되는 우아한 느낌을 표현한다.

(1) 피부 표현

피부 표현이 너무 두꺼우면 탁해 보여 정갈한 한복의 이미지와 잘 어울리지 않으므로, 피부 톤은 밝고 화사한 느낌이 나도록, 파운데이션은 베이지 색상으로 차분한 느낌이 나도록 바르고 잡티 커버와 윤곽 수정을 한 후 핑크, 투명 파우더를 적당히 섞어 바른다.

(2) 눈썹

모델의 얼굴에 맞는 굵기로 그리되 곡선을 살려 주는 아치형으로 밤색과 회색을 섞어 우아하게 그린다.

(3) 눈

아이섀도우는 한복의 색상과 조화를 이룰 수 있는 색을 선택하며 지나치게 화려한 색상이나 강한 대비색을 절제하여 표현한다.

(4) 볼

입술 색상과 동일한 계열의 색상을 선택하여 볼 뼈를 감싸듯이 은은하게 표현한다.

(5) 입술

한복 색이나 아이섀도우 색과 조화시켜 아랫입술을 부드럽게 그려 주는 것이 한복이미지와 잘 어울린다.

* 단 눈과 입술 두 부분에 시선이 집중되지 않도록 주의한다.

2) 웨딩 메이크업(wedding make-up)

신성한 의식인 결혼식을 위한 웨딩 메이크업 시에는 시술자가 신부와 신랑의 얼굴형과 이미지에 부합되도록 예식 장소, 시간, 신부와 신랑의 나이, 결혼식장의 조명, 드레스의 색상, 피부 톤 등을 충분히 고려하여 성숙하고 우아한 이미지를 연출해야 한다.

(1) 신부 메이크업

① 피부 표현

신부의 연령대를 충분히 고려하여 혈색이 느껴지도록 화사하게 표현하여 주는데 보통 어린 나이의 신부일 경우 깨끗하고 맑은 피부의 느낌을 최대한 살려 주고, 반대로 나이가 든 신부의 경우 컨실러 제품으로 기미, 주근깨, 잡티를 깨끗이 커버하고 윤곽 수정을 한 후 얼굴의 주름이 드러나지 않도록 신경써서 메이크업한다.

② **눈썹**

너무 각지지 않은 모양으로 신부의 얼굴형에 맞추어 그려 주되 부드러운 이미지를 살릴 수 있도록 회색, 갈색 계열을 섞어 진하지 않도록 그려 준다. 색상이 너무 연할 경우 빛에 의해 본래의 색보다 더 엷어 보일 수 있으므로 주의한다.

③ **눈**

• 아이섀도우

베이스나 메인 컬러가 너무 선명하거나 너무 밝을 경우 자칫 눈이 부어 보이거나 입체감을 잃을 수 있으므로, 신부의 이미지를 고려하여 부드럽게 조화되는 색상을 선택하여 여러 번에 걸쳐 덧발라 표현해 주는 것이 중요하다.

• **아이라인**

눈 형태를 고려하여 광택이 없는 케이크 타입으로 최대한 가늘고 부드럽게 그려 준다. 언더라인은 펜슬 타입이나 섀도우로 표현하는 것이 일반적이나 신부의 눈매가 강한 경우 언더라인을 생략하고 아이섀도우만으로 자연스럽게 표현한다.

• **속눈썹**

신부 본래의 속눈썹을 아이래쉬 컬러를 이용하여 올려 주고 마스카라를 한다. 인조 속눈썹은 신부의 속눈썹 상태(길이, 숱의 양)를 고려하여 붙이거나 심어 준다. 이때 신부 본래의 속눈썹과 인조 속눈썹이 일치되어 어색하지 않도록 마스카라로 정리해 준다.

④ **볼**

신부의 성숙하고 우아한 이미지를 표현할 수 있도록 은은하고 화사하게 표현한다.

⑤ **입술**

입술 선은 여성스러움과 부드러움이 표현되게 입술 형태를 고려하여 펜슬로 먼저 그린 후 립스틱으로 깔끔하게 표현한다.

신부의 피부에 다소 잡티가 있는 편이라면 짙은 와인색이나 레드색을 칠해 주어 시각적으로 시선을 입술에 머물게 함으로써 피부 잡티를 커버할 수 있게 한다.

(2) 신랑 메이크업

① 피부 표현

본인의 피부 톤을 고려하여 피부 색과 비슷하거나 한 톤 어두운 파운데이션을 소량 사용하여 최대한 자연스러운면서 깔끔한 느낌을 표현하도록 한다. 파우더는 유분기를 제거하는 정도로만 사용한다.

② 눈썹

자연 그대로의 눈썹 결을 살려 두는 것이 중요하며 눈썹 주위에 남아 있는 파우더를 털어 내고, 수정이 필요한 경우에는 에보니 펜슬로 빈 곳을 가볍게 한올 한올 심듯이 그려 주거나 섀도우로 처리하고 눈썹 숱이 많은 신랑은 스크루 브러쉬(screw brush)를 이용하여 정리해 준다.

③ 눈

눈매가 선명해 보이도록 브라운 계열의 섀도우로 자연스럽게 연출한다.

④ 볼

브라운 계열로 볼 뼈 주위를 감싸주듯 가볍게 윤곽 수정을 해 준다.

⑤ 입술

입술에 묻은 파운데이션을 닦아 내어 본인의 입술 색이 자연스럽게 나타나게 하거나 희미한 입술은 연한 베이지 계열로 가볍게 터치한다.

3) 파티 메이크업(party make-up)

우아하고 화려하며 세련된 이미지의 메이크업으로 조금은 대담한 컬러를 사용하여 모델의 장점을 최대한 살려 표현해 준다.

(1) 피부 표현

핑크 베이지의 크림 파운데이션을 기본으로 사용하고 한두 톤 어두운 파운데이션을 사용하여 입체감이 느껴지도록 윤곽 수정한다.

피부에 잡티나 다클 서클이 두드러지는 경우 커버하고 싶은 부위에 소량의 화이트 펄 파운데이션을 뭉치지 않도록 주의하며 바른다.

핑크색이나 퍼플색 펄 파우더를 사용하여 마무리한다.

(2) 눈썹

모델의 눈썹을 기본으로 염두에 두면서 선명한 아치형으로 강하게 그려 준다. 눈썹 산 부위에 아이섀도우의 포인트 컬러로 포인트 처리하고 눈썹의 위, 아래 부위에 화이트 섀도우를 사용하여 눈썹의 전체 라인이 깨끗하면서도 입체적으로 보이도록 표현해 준다.

(3) 눈

화이트 펄 아이섀도우를 이용하여 눈두덩 전체에 하이라이트를 넣어 주고, 홀라인 부위를 화려한 로즈 와인이나 퍼플 계열 색상의 펄 섀도우로 처리한다. 아이라인은 정교하고 길게 그려 준다.

다소 숱이 많고 긴 속눈썹을 모델의 눈 길이에 맞추어 붙여 준다. 눈 주위를 화려한 펄 글리터를 이용하여 장식해 준다.

(4) 볼

화사한 붉은 계열의 블러셔나 여성스러운 핑크 계열의 블러셔, 세련되고 우아하게 보이는 갈색 계열의 블러셔 등 모델 이미지에 맞게 연출하되, 직선의 느낌보다는 곡선으로 처리하여 부드러운 느낌을 연출해 준다.

(5) 입술

립 컬러보다 한 톤 어두운 색상의 펜슬을 이용하여 입술 윤곽을 디자인한 후, 와인색이나 레드 계열의 립스틱으로 볼륨감 있게 처리하고 립 글로스를 이용하여 글로시한 느낌을 연출한다.

트렌드 메이크업 4

1) 에스닉 메이크업 (ethnic make-up)

에스닉이란 민속학적이고 인류학적인 비기독교권의 국가풍이라는 뜻으로 외국 풍속이 반영된 이국적 경향을 말한다. 따라서 에스닉 메이크업은 민족성을 살린 검은 피부 표현이 중요한 특징이라 할 수 있다.

(1) 피부 표현

각국의 인종에 맞추어 피부 톤을 선택한다. 예를 들면 일본이나 중국은 밝은 색상을 선택하며 이집트는 어두운 다갈색의 피부 표현을 한다.

(2) 눈썹

각 나라별 인종의 특성에 맞추어 그려 준다.

(3) 눈

다갈색 계열의 아이섀도우를 펴 발라 주고 펄 질감이 나는 갈색이나 오렌지 계열의 색을 입혀 준다. 또한 액상 아이라이너로 길게 그려 주어 눈이 크고 선명하게 보이도록 한다.

(4) 볼

인도의 경우는 오렌지 계열로 볼 터치를 한 후 황금색 펄을 콧등에 발라 주며 기타 동양의 경우는 붉은 계열로 둥글게 혈색을 표현한다.

(5) 입술

주로 오렌지나 다갈색의 립스틱을 사용하며 인종에 따라서 두툼한 입술을 표현하기도 한다.

2) 스모키 메이크업(smoky make-up)

스모키는 '연기나는, 연기색의'란 뜻으로 색깔이 침침한 색조를 말한다. 그 범위는 청색과 탁색으로 나누었을 때 탁색에 들어가며, 스모키 메이크업의 특징은 마치 영화 속의 팜므파탈(매혹적인 악녀)들처럼 눈매를 깊고 그윽하게 표현하는 데 있다.

스모키 메이크업은 인도 여인들이 눈매를 크고 뚜렷하게 보이기 위해 코올이라는 인도 열매를 갈아서 치장을 했던 것이 그 시초가 되었다.

1990년대부터 동양적 전통과 현대적 미의 조화 속에 오리엔탈리즘이 강하게 어필되면서 쇼 무대 메이크업에서 유행 메이크업으로 다양하게 응용되고 있다.

(1) 피부 표현

스모키 메이크업을 더욱 돋보이게 하는 것은 조금 창백한 듯 보이는 피부 톤의 연출이므로 모델의 원래 피부톤보다 두 단계 밝은 파운데이션을 바른다.

(2) 눈

기본 스모키 아이섀도우 색상으로는 블랙, 그레이, 브라운 등을 많이 사용하지만, 최근에는 펄이 가미된 짙은 그레이, 짙은 펄 그린 등을 사용해 풍성한 느낌을 강조한다.

아이라인은 검정 펜슬로 쌍꺼풀 주위 전체와 언더라인까지 굵게 그려 주고 검정 섀도우나 짙은 회색 섀도우로 그라데이션한다.

마스카라를 뭉치듯 두텁게 발라 주고 인조 속눈썹을 사용하여 풍성함을 더해 준다.

(3) 볼

볼은 붉은 블러셔를 이용하여 건강함을 표현한다.

(4) 입술

눈이 강조된 만큼 입술은 누드에 가까운 핑크나 코럴 컬러로 입술의 자연스러운 혈색을 최대한 살릴 수 있도록 마무리한다.

3) 글로시/펄 메이크업(glossy/perl make-up)

'번들거리는', '광택이 나는' 이라는 뜻으로 메이크업에서 매트(mat)의 반대 개념으로 표현된다.

(1) 피부 표현

리퀴드 파운데이션을 엷게 펴 준 다음 파우더만 살짝 입혀 주고 그 위에 금색, 은색 등의 펄 제품으로 광택을 부각시켜 준다.

(2) 눈썹

자연스러운 피부 표현을 우선시해야 하므로 눈썹은 약하게 그려준다.

(3) 눈

강한 색의 아이섀도우보다는 펄이 들어간 파스텔 계통의 색을 가볍게 펴 발라 준 다음 포인트 컬러는 부각시키지 않도록 한다.

만약 실버 펄 글로시 메이크업을 할 경우는 회청색이나 청보라 등의 펄 아이섀도우를 발라주며, 골드 펄 글로시 메이크업시에는 갈색이나 오렌지 브라운의 펄 아이섀도우를 펴 발라준다.

(4) 볼

펄이 가미된 색의 볼터치를 해주며 볼터치가 많이 강조되지 않는 자연스러움을 유지하는 메이크업이 되도록 한다.

(5) 입술

펄과 글로시한 질감의 립스틱을 발라 광택이 나도록 하며, 주의할 사항은 윤곽선을 강조하는 립 펜슬은 사용하지 말며 입술 그대로의 표면을 가볍게 발라준다.

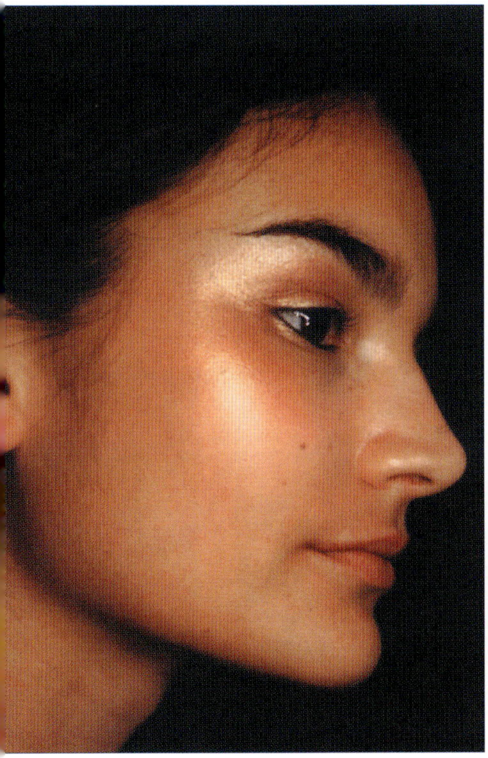

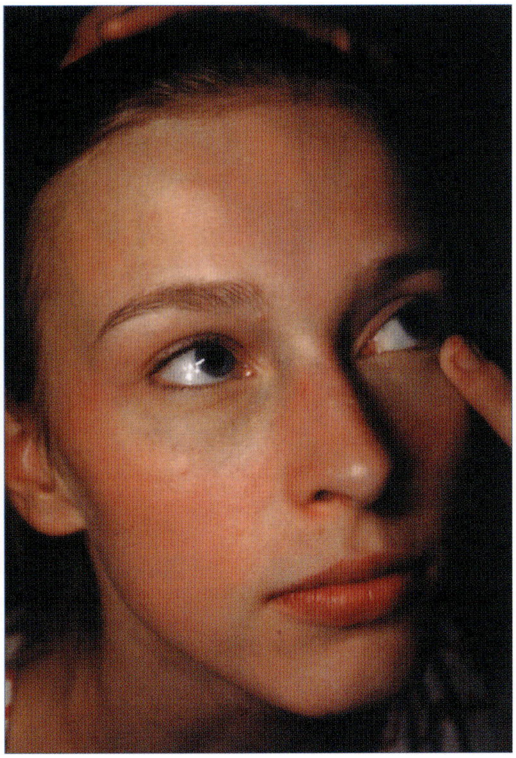

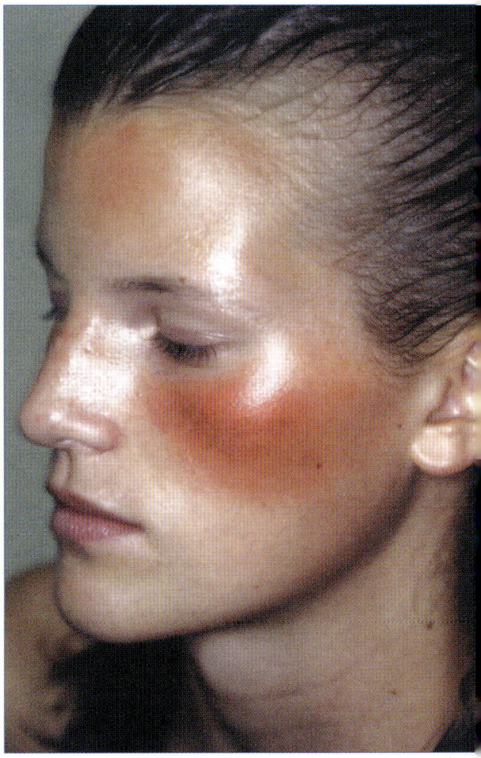

4) 에콜로지 메이크업(ecology make-up)

에콜로지란 원래는 '생태학' 이라는 뜻으로 천연 소재를 주로 사용한 자연지향적 룩(look)의 총칭이다. 자연스러운 멋을 부각시키기 위해 천연 섬유, 천연 염료로 염색된 소재를 사용하며, 자유로움과 편안함, 활동성이 강조되는데, 이는 순수성을 회복하려는 시도이다.

1990년대 초반의 에콜로지 패션은 풀이나 갈대, 바닷가 등의 자연에서 영감을 얻은 소재로 말미암아 원시인 느낌이 특징적이었다. 그러나 1994년 자원 재활용 운동과 함께 다시 주목된 뉴 에콜로지 경향은 자연을 소재로 한 염료나 색상이 부각되어 전체적인 색상에서 밝고 부드러운 톤이 주를 이룬다.

에콜로지풍의 메이크업 패턴 역시 피부 표현을 지나치게 밝거나 두께감 있게 연출하지 않고 꾸미지 않은 듯한 자연스러운 느낌의 메이크업이 표현되도록 한다. 베이지, 브라운, 그린, 오렌지계열 중심의 색상을 사용하여 아이섀도, 립스틱, 블러셔를 전체적인 톤의 조화를 감안하여 은은하고 깊이감 있게 표현한다.

5) 팝아트 메이크업(pop art make-up)

21세기 들어서면서부터는 특별히 어떤 양식이 정해져 있지 않고 규칙에 얽매이지 않는 다양한 스타일이 혼합되는 양상으로 발전하였다. 또한 상반된 개념들이 한정된 공간에 다국적인 미의식으로 사회 전반에 만연되어 새로운 조류가 형성되고 있다.

이러한 시도들은 팝아트(pop art)의 개념으로 설명할 수 있으며 팝아트는 기존의 미술 규범에 대담한 변혁을 시도한 예술로 추상주의와 함께 1945년 2차 대전이후 후기 현대 미술에서 가장 두드러지게 나타난 조류이다.

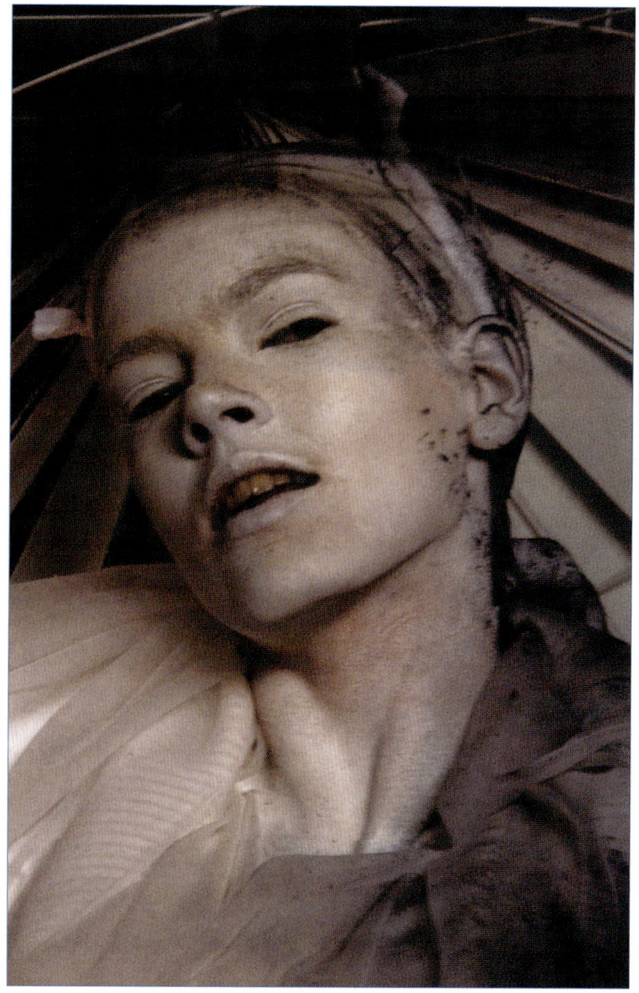

팝(pop)이란 명칭에 대해서는 여러 가지 견해가 있지만 〈Popular- 통속적인, 대중적인 이미지〉의 약자로 보는 것이 유력하다. 팝아트는 1960년대 초기에 미국에서 발달하여 미국 화단을 지배했던 구상회화의 한 경향에서부터 오늘날의 팝아트는 현대 산업사회의 특징인 대중 문화 속에 등장하는 이미지로 변천하여 예술성 자체의 의미라기보다는 광고, 산업디자인, 영화, 패션, 메이크업 등과 같은 대중 예술매체의 유행성에 대한 새로운 태도에 대해 언급된 명칭으로 현대인의 생활환경과 고전적인 미의식이나 절대적인 가치가 붕괴되는 세대적 상황에서 득세하여 나타난다고 볼 수 있다.

일반적인 메이크업은 그 시대가 추구하는 이상적인 미인형을 표현하기 위한 전형적인 스타일로 행해졌으나, 팝아트 메이크업은 이러한 전형적인 스타일을 거부하고 다양한 실험적인 방법을 시도하였다. 얼굴에 독특한 이미지의 색이나 무늬를 표현하거나 얼굴의 균형, 유기적 통일감을 무시하여 자유로운 조형 감각을 보여주고, 사이키텔릭한 색채를 활용함으로써 강렬한 색채의 대비를 통해 색채의 충격에서 오는 스릴을 느끼게 하며, 피부 본래의 질감과는 다른 재료를 사용하여 색다른 재료를 통한 이질적인 피부 질감을 느끼게 하고, 부분적인 파괴, 강조를 내세운 디자인과 비일상적인 패턴이나 장식을 과감히 도입하였다.

팝아트가 전성기를 이룬 1960년대를 팝아트 메이크업이 등장한 시기로 볼 수 있으나, 1990년대 들어서 패션 코디네이션의 요소로 메이크업에 대한 인식이 새로워지면서 메이크업은 단순히 얼굴을 꾸미는 차원에서 의복, 헤어스타일, 액세사리 등 토탈 패션을 이루는 요소들과 함께 전체적인 하나의 조화된 이미지를 형성하는 것으로 유행에 따라 변화되었다. 이에 따라 전통적인 일반 메이크업의 형식을 거부하는 팝아트 메이크업 역시 1990년대 이후 광고나 패션쇼 무대 등에서 매우 대담하고 다양하게 시도되고 있다.

5 미디어 메이크업

1) 흑백 광고 메이크업(black & white make-up)

흑백 사진 메이크업은 흑과 백의 대비, 조화로 이루어진 명암 단계로 표현되므로 모델에게 시술한 색조 메이크업이 흑백사진에서는 어떻게 표현되는지 미리 알고 색상 선택과 농도 선택을 하여야 한다.

일반적으로 스킨 톤은 배경색을 고려하여 모델의 피부색보다 2단계 밝은 색을 선택하여 바른다. 검은색 배경 앞에서는 스킨 톤이 밝아 보이고 백색 배경 앞에서는 어두워 보이므로 이 점을 감안하여 스킨 톤을 선택하여야 한다.

흑백 필름은 모든 색상을 순수한 백색에서 밝은 회색, 중간 회색, 어두운 회색, 가장 어두운 검정색까지의 미묘한 회색으로 전환시킨다. 스킨 톤으로 이용할 때의 명암의 단계의 피부색은 원래 모델의 피부색보다 2단계 밝은 색을, 하이라이트는 베이스 보다 2~3단계 밝은 색을, 섀도우는 2~3단계 어두운 색을 선택하여 사용한다.

블랙, 브라운, 회색 등은 눈으로 보는 것과 같은 명도로 사진에 재현되나 노랑, 핑크, 스카이 블루 등의 파스텔톤은 피부와 같은 톤으로 재현되어 마치 화장을 하지 않은 것처럼 표현되므로 작품의 이미지에 맞게 적절한 색과 농도를 선택 하여야 한다.

(1) 피부 표현

피부는 모델의 피부색보다 2~3단계 밝은 색을 선택하여 희고, 깨끗하게 표현하도록 한다. 기미, 주근깨 등의 결점은 컨실러를 사용하여 커버한다.

하이라이트는 피부색보다 2~3단계 밝은 색을 선택하여 사용하고 얼굴의 윤곽 수정이 필요한 경우는 섀딩을 사용하지만 너무 짙은 색은 사진에 검게 표현되므로 섬세하게 넣어준다.

충분한 양의 파우더로 유분기를 제거하여 메이크업의 지속력을 높이고 조명의 반사로 인한 번들거림을 방지한다.

(2) 눈썹

자연스러운 눈썹은 회색으로 표현하고 강하고 진하게 표현할 때는 검정과 회색을 사용한다.

(3) 눈

자연스러운 눈매 표현을 위해서는 파스텔 브라운을 이용하여 노즈섀도우를 넣고 눈두덩이 전체와 자연스럽게 연결하여 옐로우 오렌지, 옐로우 그린 계열, 내츄럴 그레이나 브라운을 가볍게 펴 발라 자연스러운 단계별 그라데이션 기법을 사용한다.

광고의 컨셉에 따라 강한 눈매 표현을 위해서는 쌍꺼풀 윤곽을 강조하기 위한 인조 아이홀 기법 등을 사용하여 다크 그레이나 블랙으로 포인트를 넣어준다.

<클리오 광고>

(4) 볼

너무 진하거나 탁한 색상의 섀딩보다는 기본 스킨 톤과 어우러질 수 있는 색상으로 명암의 정도만 살려 섬세하게 표현한다.

(5) 입술

입술 윤곽은 펜슬 타입으로 립 라인을 그려준 다음 입술 표면을 처리하는데 이때 입술 윤곽선만 강조되지 않도록 잘 블랜딩하여 사용하도록 한다.

벽돌색이나 갈색과 핑크 등은 중간 회색으로 표현되고 빨강, 와인 등은 진한 색으로 표현되는 점을 고려하여 입술의 형태를 강조하고자 할 때는 저명도, 저채도 계열의 립스틱을 선택하여 사용한다.

2) 컬러사진 메이크업(color make-up)

컬러사진 메이크업은 색상에 대한 필름의 정확한 재현으로 어떤 피부의 흠도 자세하게 분별해내는 반면 재현된 색상들은 자칫 지나치게 강조되어 보이므로 흑백 사진과는 달리 자연스럽게 처리되도록 내츄럴하게 표현하도록 한다.

(1) 피부 표현

피부색을 보완하는 색상의 메이크업 베이스를 선택하여 적당량을 펴 바른 후 커버력과 지속력이 우수하고 모델의 피부색에 가장 알맞은 색의 파운데이션을 선택하여 바른다.

피부색보다 2~3단계 밝은 색으로 하이라이트를, 2~3단계 어두운 색으로 섀딩을 넣어주고 피부색과 자연스럽게 조화가 이루어지도록 그라데이션한 후 투명 파우더를 사용하여 유분기를 제거한다.

<현대백화점 광고>

(2) 눈썹

모델의 이미지에 맞는 형을 선택하여 갈색 펜슬, 에보니 펜슬 또는 상황에 따라 아이섀도우를 사용하여 그려준다.

(3) 눈

아이섀도우는 모델의 의상색 등을 고려하여 선이나 브러쉬 자국이 남지 않도록 그라데이션해주고 선명한 눈매 연출을 위하여 아이라인을 그려준다.

(4) 볼

얼굴형이 평면적으로 보이지 않도록 입체감을 살려서 전체적인 조화가 이루어지도록 한다.

(5) 입술

바르고자 하는 색상과 동일하거나 유사한 색상의 펜슬로 입술 윤곽을 그려주고 아이섀도우와 조화되도록 립스틱을 바른다.

3) 영상 매체(TV) 메이크업

영상 매체에 적합한 메이크업을 하기 위해서는 먼저 조명과 카메라, 텔레비전 수상기에 대한 기본적인 메커니즘 이해를 필요로 한다.

조명이나 TV 카메라에 의해 재현되는 피부색은 실물의 피부색을 부자연스럽게 보이게 하거나 왜곡시키기도 한다. 이는 인위적인 피부색을 도포시켜 평면적으로 보일 수도 있는 윤곽을 입체적으로 나타내며, 인물의 피부색에 기초를 두어 조명함으로써 주변의 왜곡되는 부분을 보충해주는 기능이 있기 때문이다.

<MBC 뉴스데스크>

피사체를 밝게 또는 어둡게 비추는 조명, 피사체를 미화시키는 메이크업, 그리고 이러한 피사체를 촬영하는 카메라의 역할은 서로가 긴밀한 영향을 주고 받는다.

또한 뉴미디어의 발달로 인해 현재의 TV는 고품질, 고밀도 방송 시대의 개막을 예고하고 있다. 메이크업은 배우나 출연자들의 심리적인 부담을 경감시키는 중요한 역할을 한다.

배우는 극이 설정해주는 환경에 충실해야 하지만 배우 본래의 피부색의 설정기준(2톤 이상)에 많은 차이가 나는 피부 표현은 오히려 사실적인 표현을 반감시키는 효과가 있으므로 주의해야 한다. 드라마 외에도 쇼, 교양, 보도 프로그램의 출연자인 앵커, MC, 기자 및 그밖의 일반 출연자들에게 본인의 피부색과 가장 유사한(근접한) 피부 표현을 해줌으로써 화면 속의 인물을 보다 돋보이게 미화할 수 있다.

INDEX

〈ㅈ〉

〈ㅊ〉

〈ㅋ〉

〈ㅌ〉

〈ㅍ〉

〈ㅎ〉

〈기타〉

참고 문헌

- 마꿔아쥬 예술, 한명숙, 청구문화사, 1999
- 메이크업, 김경순, 청구문화사, 1995
- 메이크업과 패션, 김희숙 · 이은임, 수문사
- 메이크업 스타일 100년사, Beauty & Health 연구회, 현문사, 2001
- 토탈 메이크업, 김영희 외 6인, 정문각, 2001
- 현대 메이크업 총론, 강경화, APC, 2000
- Faces in Make Up, 천지연 외 3인, 청구문화사, 2001
- Make Up Art, 박보영 외 2인, 청구문화사, 2002
- Make Up Design, 강근영 외 2인, 훈민사, 2003

- Decorated Skin, Karl Groning, Thames and Hudson, 1997
- I Do...(100 years of Wedding Fashion), Caroline Cox, Scriptum Editions
- Kevyn Aucoin(a beautiful life), Kevyn Aucoin, ATRIA Books, 2003
- Stephane Marais Beauty Flash, Stephane Marais, Edition 7L Paris, 2001
- Star Style(Hollywood legends as fathion icons By Patty Fox), Patty Fox, Angel City Press, 1995

- My Wedding, 2003
- Beauty Collection, 2003 ~ 2004
- Vogue, 2000 ~ 2004

- 제품 사진 협찬 : 크리스찬 쇼보

저 자 약 력

노희영 (서울호서전문학교 방송연예스타일링과 교수)

김용선 (수원여자대학 미용예술학과 교수)

이정민 (서경대학교 미용패션학부 메이크업 담당 교수)

홍승욱 (경복대학 피부미용과 교수)

실용 메이크업

2011년 2월 17일 1판 1쇄 인쇄
2011년 2월 23일 1판 1쇄 발행

지은이: 노희영 · 김용선 · 이정민 · 홍승욱
펴낸이: 박정태

펴낸곳: **광 문 각**

413-756
경기도 파주시 교하읍 문발리 파주출판문화도시
500-8번지 광문각빌딩 4층
등 록: 1991. 5. 31 제12-484호
전화(代): 031)955-8787
팩 스: 031)955-3730
E-mail: kwangmk@unitel.co.kr
홈페이지: www.kwangmoonkag.co.kr

ISBN: 978-89-7093-503-4 93590

정가: 24,000원